理工系の数学入門コース
演習
[新装版]

線形代数演習

理工系の
数学入門コース
演習
[新装版]

線形代数演習

LINEAR ALGEBRA

浅野功義・大関清太
Naruyoshi Asano　Kiyota Ozeki

An Introductory Course of
Mathematics for
Science and Engineering
Problems and Solutions

岩波書店

演習のすすめ

この「理工系の数学入門コース/演習」シリーズは，演習によって基礎的計算力を養うとともに，それを通して，理工学で広く用いられる数学の基本概念・手法を的確に把握し理解を深めることを目的としている．

各巻の構成を説明しよう．各章の始めには，動機づけとしての簡単な内容案内がある．章は節ごとに，次のように構成されている．

(1) 「解説」 各節で扱う内容を簡潔に要約する．重要な概念の導入，定理，公式，記号などの説明をする．

(2) 「例題」 解説に続き，例題と問題がある．例題は基礎的な事柄に対する理解を深めるためにある．精選して詳しい解答(場合によっては別解も)をつけてある．

(3) 「問題」 難問や特殊な問題を避けて，応用の広い基本的，典型的なものを選んである．

(4) 「解答」 各節の問題に対する解答は，すべて巻末にまとめられている．解答はスマートさよりも，基本的手法の適用と理解を重視している．

(5) 頭を休め肩をほぐすような話題を「コーヒーブレイク」に，また，解法のコツ，計算のテクニック，陥りやすい間違いへの注意などの一言を「Tips」として随所に加えてある．

本シリーズは「理工系の数学入門コース」(全8巻)の姉妹シリーズである．併用するのがより効果的ではあるが，本シリーズだけでも独立して十分目的を達せられるよう配慮した．

実際に使える数学を身につけるには，基本的な事柄を勉強するとともに，個々の問題を解く練習がぜひとも必要である．定義や定理を理解したつもりでも，いざ問題を解こうとすると容易ではないことは誰でも経験する．使えない公式をいくら暗記しても，真に理解したとはいえない．基本的概念や定理・公式を使って，自力で問題を解く．一方，問題を解くことによって，基本的概念の理解を深め，定理・公式の威力と適用性を確かめる．このくり返しによって，「生きた数学」が身についていくはずである．実際，数学自身もそのようにして発展した．

いたずらに多くの問題を解く必要はない．また，程度の高すぎる問題や特別な手法を使う問題が解けないからといって落胆しないでよい．このシリーズでは，内容をよりよく理解し，確かな計算力をつけるのに役立つ比較的容易な演習問題をそろえた．「解答」には，すべての問題に対してくわしい解答を載せてある．これは自習書として用いる読者のためであり，著しく困難な問題はないはずであるから，どうしても解けないときにはじめて「解答」を見るようにしてほしい．

このシリーズが読者の勉学を助け，理工学各分野で用いられる数学を習得するのに役立つことを念願してやまない．読者からの助言をいただいて，このシリーズにみがきをかけ，ますますよいものにすることができれば，それは著者と編者の大きな喜びである．

1998年8月

編者　戸田盛和
　　　和達三樹

はじめに

この本はベクトルと行列の入門的演習書である．ベクトルと行列について基本的なことがらも説明してあるので，知識の整理にも役立つはずである．問題は，説明や定義の理解を確かめるための初歩的なものから，ある程度技巧が必要なものまでをそろえているので，誰でも容易に始めることができ，自然に力をつけることができる．数学の勉強では，やさしいところから始めることと学習の順序が大事である．自分にあったペースで，自分に合った仕方で勉強すれば，どんな数学の勉強でも「限界」というものはない．

本書の構成は姉妹編である理工系の数学入門コース 2『行列と 1 次変換』(戸田盛和・浅野功義著) とだいたい同じにしてあるが，第 6 章だけは順序などを変更している．本書の内容は上記の本の内容を含み，少し補った部分もある．

第 1 章では，ベクトルについてのまとめと問題を扱う．ベクトルは線形代数の基本であり，日常の生活の中でもいろいろ使われている．n 次元空間という一般の空間のベクトルもここで考える．

第 2 章では，ベクトルをさらに一般化した量である行列を考える．ベクトルと行列の演算を導入することで応用上の有用性が飛躍的に拡がる．行列も現代の科学技術や日常生活をささえる数学の基礎的な部分である．この章では行列の演算や 1 次変換を取り上げる．

第3章では，行列式を扱う．連立1次方程式を取り上げて，行列式の必要性や有用さを強調する．行列式が表わす幾何学的意味にもふれる．また，次数の大きい行列を扱うときに必要な行列式の展開法や一般的性質についての演習も行なう．

第4章では，逆行列を取り上げ，その存在条件や連立1次方程式への応用を学ぶ．具体的な解の構成や一般的性質を調べるとき有用なクラメルの公式についての練習も行なう．正則な係数行列をもつ連立1次方程式の一般的な解法がこれによって得られる．

第5章では，行列の基本変形という概念および具体的方法について考える．この中で行列の階数(ランク)という量が導入される．ランクによって一般の連立1次方程式が解をもつ必要十分条件が表わされ，解の構成法も与えられる．また，連立1次方程式の分類も完成する．

第6章では，いくつかの応用的な問題を取り上げた．とくに固有値問題と2次形式を扱い，微分方程式の解法や2次曲線の分類を扱っている．応用的問題の基礎知識がなくても十分理解できる内容である．

問題は非常にやさしいものから並べられているので，順序通りやれば必ず理解できるはずである．最後まで試みていただきたい．

1998年9月

浅野功義
大関清太

目 次

コーヒーブレイク

Tips

1

ベクトル

われわれの身近な量の中には，体重，血圧のように数値だけで表わされるものと，速度のように大きさと向きをもつ量とがある．向きをもたない量をスカラーといい，大きさと向きをもつ量をベクトルという．この章ではまず，平面と空間におけるベクトルの演算を定義し，いろいろな問題を解いてみる．さらに一般のベクトル空間に対してもいくつか問題を考える．

1-1　ベクトルの演算

有向線分とベクトル　平面または空間で点Pを始点，点Qを終点とする向きをもった線分を**有向線分**といい，記号 $\overrightarrow{\mathrm{PQ}}$ で表わす．

ベクトルは $\overrightarrow{\mathrm{PQ}}$ で表わすことができる．このとき線分PQの長さがベクトルの大きさであり，これを $|\overrightarrow{\mathrm{PQ}}|$ で表わす．また $\overrightarrow{\mathrm{PQ}}$ の向きがベクトルの向きを表わす．

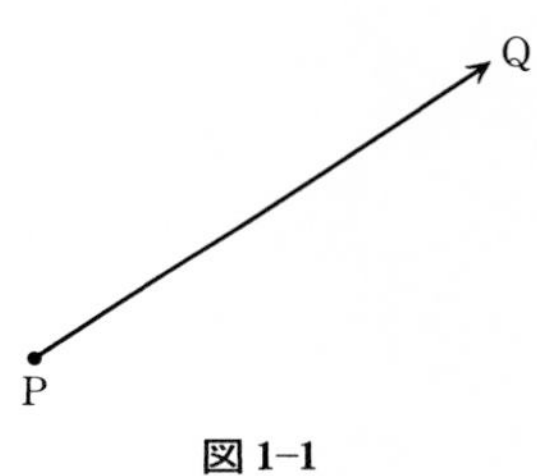

図 1-1

r を実数とするとき，$r\boldsymbol{a}$ によって大きさが $|r||\boldsymbol{a}|$ であり，$r>0$ のときは $\boldsymbol{a}$ と同じ向き，$r<0$ のときは $\boldsymbol{a}$ と逆向きのベクトルを表わす．$r\boldsymbol{a}$ を $\boldsymbol{a}$ の**スカラー倍**という．

r と s が実数ならば

$$r(s\boldsymbol{a}) = s(r\boldsymbol{a}) = (rs)\boldsymbol{a} \tag{1.1}$$

が成立する．

平面上の3点O, P, Qを考える．ベクトル $\boldsymbol{a}=\overrightarrow{\mathrm{OP}}$ とベクトル $\boldsymbol{b}=\overrightarrow{\mathrm{OQ}}$ に対して，$\overrightarrow{\mathrm{OP}}$ と $\overrightarrow{\mathrm{OQ}}$ でできる平行四辺形OQRPのOを通る対角線上にある有向線分 $\overrightarrow{\mathrm{OR}}$ をベクトル $\boldsymbol{a}$ と $\boldsymbol{b}$ の和といい，$\boldsymbol{a}+\boldsymbol{b}$ と書く．

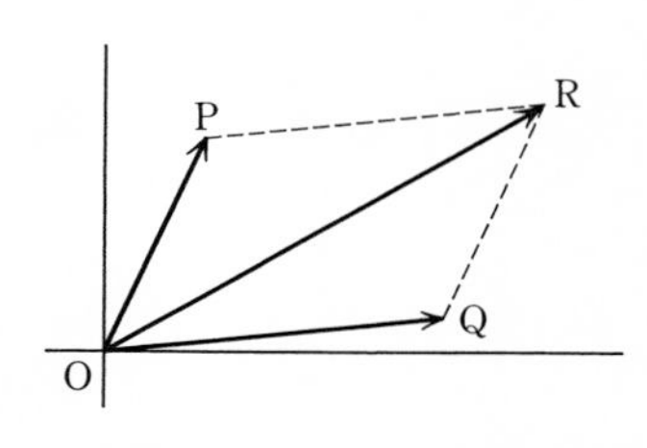

図 1-2　ベクトルの和

ベクトルの和について次の公式が成立する．

$$\boldsymbol{a}+\boldsymbol{b} = \boldsymbol{b}+\boldsymbol{a} \tag{1.2}$$

$$(\boldsymbol{a}+\boldsymbol{b})+\boldsymbol{c} = \boldsymbol{a}+(\boldsymbol{b}+\boldsymbol{c}) \tag{1.3}$$

$$r(\boldsymbol{a}+\boldsymbol{b}) = r\boldsymbol{a}+r\boldsymbol{b} \tag{1.4}$$

$$(r+s)\boldsymbol{a} = r\boldsymbol{a}+s\boldsymbol{a} \tag{1.5}$$

大きさがゼロのベクトルをゼロベクトルといい，記号 $\mathbf{0}$ で表わす．$\mathbf{0}$ に対して

$$\boldsymbol{a}+\boldsymbol{0} = \boldsymbol{a} \qquad (1.6)$$

ベクトル $\boldsymbol{a}$ と同じ大きさで方向が反対のベクトルを $\boldsymbol{b}$ とすれば

$$\boldsymbol{a}+\boldsymbol{b} = \boldsymbol{0} \qquad (1.7)$$

となり，$\boldsymbol{b}$ を $-\boldsymbol{a}$ と書く．

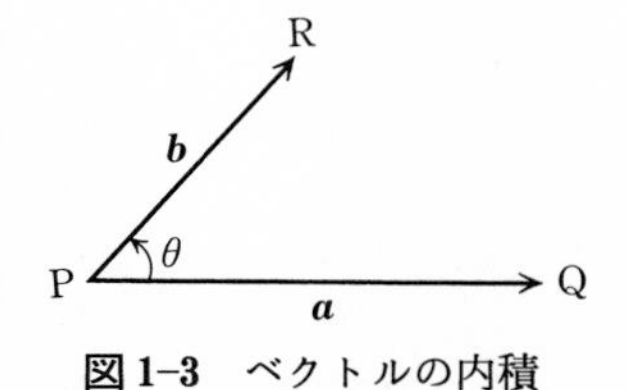

図 1–3　ベクトルの内積

ベクトルの内積　平面上の 1 点 P を始点とする 2 つのベクトルを $\boldsymbol{a}=\overrightarrow{\mathrm{PQ}}$, $\boldsymbol{b}=\overrightarrow{\mathrm{PR}}$ とし，$\overrightarrow{\mathrm{PQ}}$ と $\overrightarrow{\mathrm{PR}}$ の作る 2 つの角のうち小さい方を θ とする．

$\boldsymbol{a}$ と $\boldsymbol{b}$ で決まる $|\boldsymbol{a}||\boldsymbol{b}|\cos\theta$ を $\boldsymbol{a}$ と $\boldsymbol{b}$ の**内積**といい，記号 $\boldsymbol{a}\cdot\boldsymbol{b}$ で表わす．

$$\boldsymbol{a}\cdot\boldsymbol{b} = |\boldsymbol{a}||\boldsymbol{b}|\cos\theta \qquad (1.8)$$

$\boldsymbol{a}$ または $\boldsymbol{b}$ が $\boldsymbol{0}$ であれば θ は定義できないが，内積は 0 であると定義しておく．

内積について次の公式が成立する．

$$\boldsymbol{a}\cdot\boldsymbol{b} = \boldsymbol{b}\cdot\boldsymbol{a} \qquad (1.9)$$

$$(\boldsymbol{a}+\boldsymbol{b})\cdot\boldsymbol{c} = \boldsymbol{a}\cdot\boldsymbol{c}+\boldsymbol{b}\cdot\boldsymbol{c} \qquad (1.10)$$

$$(r\boldsymbol{a})\cdot\boldsymbol{b} = \boldsymbol{a}\cdot(r\boldsymbol{b}) = r(\boldsymbol{a}\cdot\boldsymbol{b}) \qquad (r \text{ は実数}) \qquad (1.11)$$

$\boldsymbol{a}\cdot\boldsymbol{a}=|\boldsymbol{a}|^2$ だから，ベクトル $\boldsymbol{a}$ の大きさは $|\boldsymbol{a}|=\sqrt{\boldsymbol{a}\cdot\boldsymbol{a}}$ である．大きさ 1 のベクトルを**単位ベクトル**という．

ベクトルの外積　空間のベクトルには内積のほかに外積とよばれる積がある．

空間のベクトル $\boldsymbol{a}, \boldsymbol{b}$ の張る平面に垂直で，$\boldsymbol{a}$ から $\boldsymbol{b}$ に右ネジを回したときに，ネジの進む方向をベクトルの方向とし，大きさは，2 つのベクトル $\boldsymbol{a}, \boldsymbol{b}$ でできる平行四辺形の面積 S，すなわち $|\boldsymbol{a}||\boldsymbol{b}|\sin\theta$，ここで θ は $\boldsymbol{a}, \boldsymbol{b}$ の間の角，に等しいベクトルを $\boldsymbol{a}\times\boldsymbol{b}$ と書き，$\boldsymbol{a}$ と $\boldsymbol{b}$ の**外積**という．

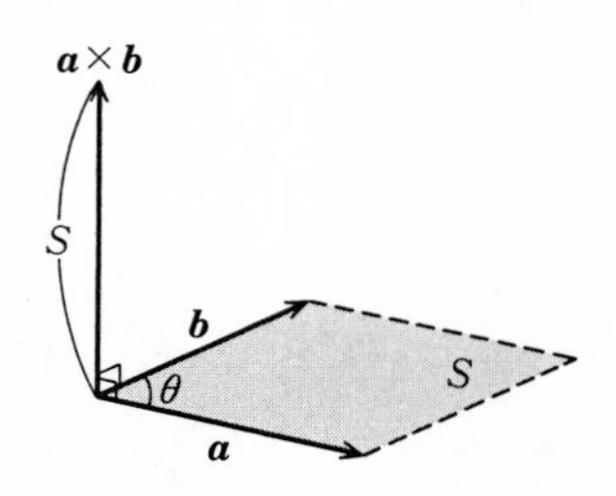

図 1–4　ベクトルの外積

$\boldsymbol{a}$ または $\boldsymbol{b}$ が $\boldsymbol{0}$ のときは，$\boldsymbol{a}\times\boldsymbol{b}=\boldsymbol{0}$ である

と定義する.

外積については次の公式が成立する.

$$\boldsymbol{a}\times\boldsymbol{b} = -\boldsymbol{b}\times\boldsymbol{a} \tag{1.12}$$

$$(r\boldsymbol{a})\times\boldsymbol{b} = r(\boldsymbol{a}\times\boldsymbol{b}) = \boldsymbol{a}\times(r\boldsymbol{b}) \tag{1.13}$$

$$(\boldsymbol{a}+\boldsymbol{b})\times\boldsymbol{c} = \boldsymbol{a}\times\boldsymbol{c}+\boldsymbol{b}\times\boldsymbol{c} \tag{1.14}$$

$$\boldsymbol{a}\times(\boldsymbol{b}\times\boldsymbol{c}) = (\boldsymbol{a}\cdot\boldsymbol{c})\boldsymbol{b}-(\boldsymbol{a}\cdot\boldsymbol{b})\boldsymbol{c} \tag{1.15}$$

$$\boldsymbol{a}\times(\boldsymbol{b}\times\boldsymbol{c})+\boldsymbol{b}\times(\boldsymbol{c}\times\boldsymbol{a})+\boldsymbol{c}\times(\boldsymbol{a}\times\boldsymbol{b}) = \boldsymbol{0} \qquad \text{(ヤコビの等式)} \tag{1.16}$$

例題 1.1　図のようにベクトル $\boldsymbol{a}, \boldsymbol{b}$ が与えられている．$\boldsymbol{a}=\overrightarrow{\mathrm{OA}}$，$\boldsymbol{b}=\overrightarrow{\mathrm{OB}}$ である．$\boldsymbol{c}=\boldsymbol{a}-\boldsymbol{b}$ とするとき，$\boldsymbol{c}$ を B を始点として図示せよ．また，O を始点とするとどうか．

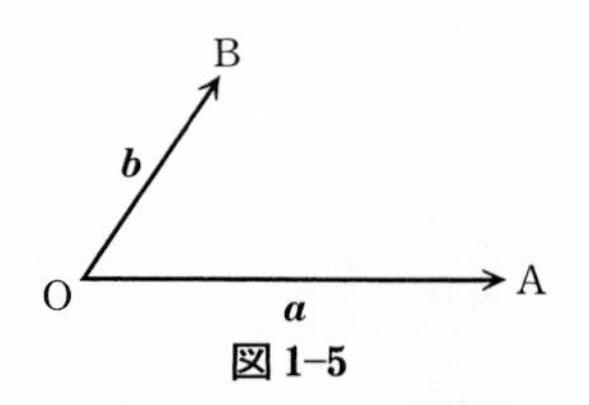

図 1-5

［解］　$-\boldsymbol{b}=\overrightarrow{\mathrm{BO}}$ だから

$$\boldsymbol{a}-\boldsymbol{b} = -\boldsymbol{b}+\boldsymbol{a} = \overrightarrow{\mathrm{BO}}+\overrightarrow{\mathrm{OA}} = \overrightarrow{\mathrm{BA}}$$

である．

また，$-\boldsymbol{b}=\overrightarrow{\mathrm{OC}}$ なる C を求め，平行四辺形 OCDA を作ると

$$\overrightarrow{\mathrm{OD}} = \boldsymbol{a}-\boldsymbol{b}$$

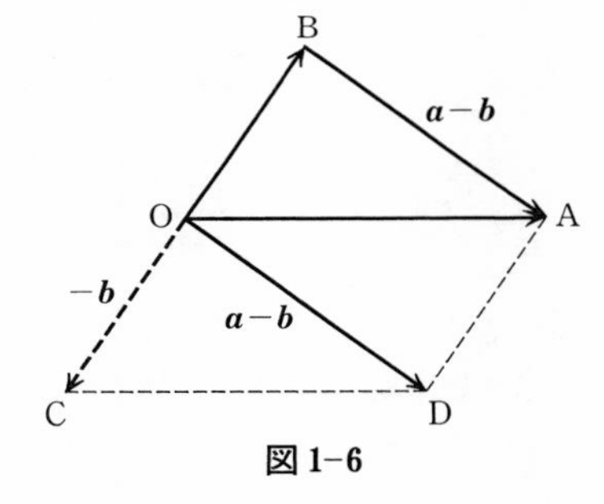

図 1-6

例題 1.2　右図の正 6 角形において，

(i)　$\boldsymbol{x}_1, \boldsymbol{x}_2$ を $\boldsymbol{a}, \boldsymbol{b}$ を使って表わせ．

(ii)　$\begin{cases} 2\boldsymbol{x}+\boldsymbol{y} = \boldsymbol{a} \\ \boldsymbol{x}-\boldsymbol{y} = \boldsymbol{b} \end{cases}$

である $\boldsymbol{x}, \boldsymbol{y}$ を図示せよ．

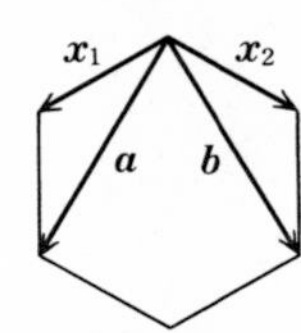

図 1-7

［解］　(i)　図より

$$\boldsymbol{x}_1-\boldsymbol{x}_2 = \boldsymbol{a}-\boldsymbol{b} \tag{1}$$

$$\boldsymbol{x}_1+(\boldsymbol{x}_1+\boldsymbol{x}_2) = \boldsymbol{a} \tag{2}$$

が得られる．(1)+(2) より

$$3\boldsymbol{x}_1 = 2\boldsymbol{a}-\boldsymbol{b}$$

したがって

$$\boldsymbol{x}_1 = \frac{2}{3}\boldsymbol{a}-\frac{1}{3}\boldsymbol{b}$$

これを式(2)に代入して

$$\boldsymbol{x}_2 = -\frac{1}{3}\boldsymbol{a}+\frac{2}{3}\boldsymbol{b}$$

(ii)

$$\begin{cases} 2\boldsymbol{x}+\boldsymbol{y} = \boldsymbol{a} & (3) \\ \boldsymbol{x}-\boldsymbol{y} = \boldsymbol{b} & (4) \end{cases}$$

(3)＋(4) より

$$3\boldsymbol{x} = \boldsymbol{a}+\boldsymbol{b}$$

したがって

$$\boldsymbol{x} = \frac{1}{3}(\boldsymbol{a}+\boldsymbol{b})$$

これを式(4)に代入して

$$\boldsymbol{y} = \frac{1}{3}(\boldsymbol{a}-2\boldsymbol{b})$$

$\boldsymbol{y}=\boldsymbol{x}-\boldsymbol{b}$ だから，これらの結果を作図すると，図 1-8 のようになる．O は正 6 角形の中心である．

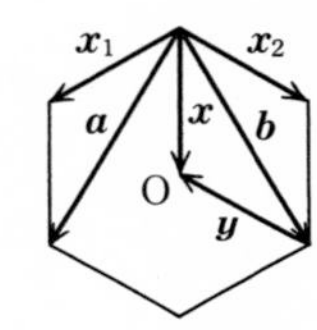

図 1-8

問　題 1-1

［1］　平面上にある2つのゼロでないベクトル $\boldsymbol{a}, \boldsymbol{b}$ に対して，次を証明せよ．

$$|\boldsymbol{a}+\boldsymbol{b}|^2+|\boldsymbol{a}-\boldsymbol{b}|^2 = 2(|\boldsymbol{a}|^2+|\boldsymbol{b}|^2)$$ （**パップスの定理**または**中線定理**）

［2］　平面上の平行でない2つのベクトル $\boldsymbol{a}, \boldsymbol{b}\ (\neq \boldsymbol{0})$ に対して，$\boldsymbol{a}-r\boldsymbol{b}$ と $\boldsymbol{b}$ が直交するように実数 r を定めよ．

［3］　相異なる3点 A, B, C が同一直線上にあるための必要十分条件は，$\overrightarrow{\mathrm{AB}}=\boldsymbol{a}$，$\overrightarrow{\mathrm{AC}}=\boldsymbol{b}$ とするとき，

$$\lambda\boldsymbol{a}+\mu\boldsymbol{b} = \boldsymbol{0}, \qquad \lambda+\mu\neq 0, \qquad \lambda\mu\neq 0$$

のような実数 λ, μ が存在することであることを示せ．

［4］　図のように，ベクトル $\boldsymbol{a}, \boldsymbol{b}$ が与えられている．$\boldsymbol{a}=\overrightarrow{\mathrm{OA}}$，$\boldsymbol{b}=\overrightarrow{\mathrm{OB}}$ である．このとき

$$\begin{cases} \boldsymbol{x}-2\boldsymbol{y} = \boldsymbol{a} & (1) \\ \boldsymbol{x}+\boldsymbol{y} = \boldsymbol{b} & (2) \end{cases}$$

をみたす，$\boldsymbol{x}, \boldsymbol{y}$ を原点 O を始点として図示せよ．

［5］　一辺の長さ1の立方体について，次の問に答えよ．$\overrightarrow{\mathrm{AB}}=\boldsymbol{a}, \overrightarrow{\mathrm{AD}}=\boldsymbol{b}, \overrightarrow{\mathrm{AE}}=\boldsymbol{c}$ とする．

(1)　$\overrightarrow{\mathrm{AG}}$ と $\overrightarrow{\mathrm{AH}}$ の交角の余弦を求めよ．

(2)　△AGH の面積を求めよ．

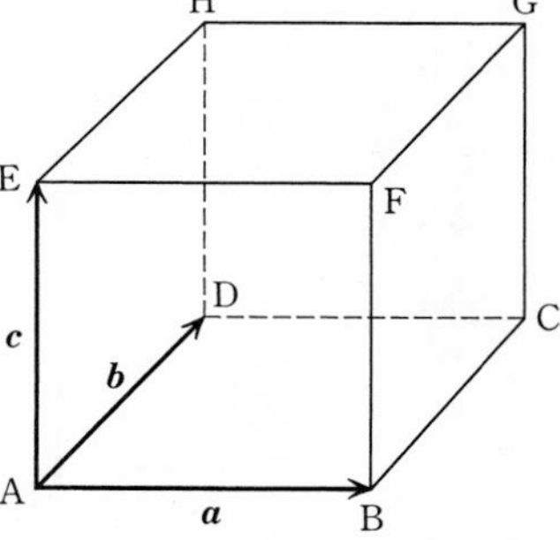

［6］　ベクトル $\boldsymbol{a}, \boldsymbol{b}$ でできる平面四辺形の面積 S は

$$S = \sqrt{(|\boldsymbol{a}||\boldsymbol{b}|)^2-(\boldsymbol{a}\cdot\boldsymbol{b})^2}$$

で与えられることを示せ．

1-2 ベクトルと座標

ベクトルを有向線分で表わしてきたが，ベクトルは，いくつかの数の組によって表わすこともできる．平面上に直交座標系を作り，点の位置を座標 (x, y) で表わす．

始点が原点，終点が点 $\mathrm{P}(x, y)$ のベクトル $\overrightarrow{\mathrm{OP}}$ を実数の組 (x, y) で表わしてもよい．

同じ記法を使うと，終点が空間の点 $\mathrm{P}(x, y, z)$ のベクトル $\overrightarrow{\mathrm{OP}}$ は $\overrightarrow{\mathrm{OP}}=(x, y, z)$ と表わされる．

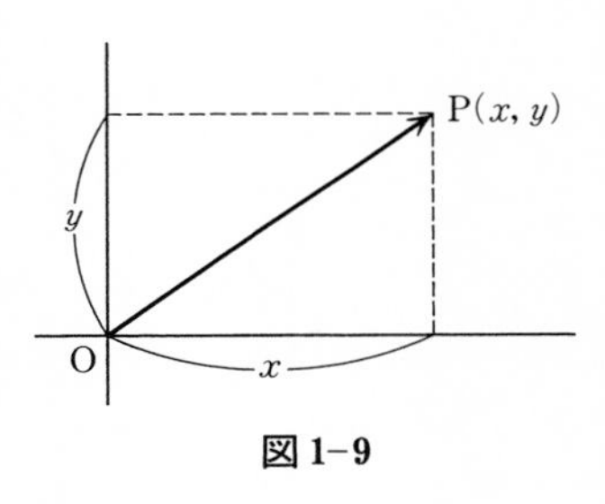

図 1-9

ベクトルをこのように数の組で表わしたものを**数ベクトル**という．有向線分で表わしたベクトルを幾何的ベクトルとすれば，数ベクトルは代数的ベクトルである．

空間ベクトルを例として，ベクトルの演算を成分で表わす．

スカラー倍　$r\boldsymbol{a} = (ra_1, ra_2, ra_3)$　(1.17)

和と差　$\boldsymbol{a}+\boldsymbol{b} = (a_1+b_1, a_2+b_2, a_3+b_3)$　(1.18)

$\boldsymbol{a}-\boldsymbol{b} = (a_1-b_1, a_2-b_2, a_3-b_3)$　(1.19)

内積　$\boldsymbol{a}\cdot\boldsymbol{b} = a_1b_1+a_2b_2+a_3b_3$　(1.20)

外積　$\boldsymbol{a}\times\boldsymbol{b} = (a_2b_3-a_3b_2, a_3b_1-a_1b_3, a_1b_2-a_2b_1)$　(1.21)

1 次従属と 1 次独立　たがいに異なるベクトル $\boldsymbol{e}_1, \boldsymbol{e}_2, \boldsymbol{e}_3$ があって，任意の空間ベクトル $\boldsymbol{x}$ が

$$\boldsymbol{x} = \alpha_1\boldsymbol{e}_1+\alpha_2\boldsymbol{e}_2+\alpha_3\boldsymbol{e}_3 \tag{1.22}$$

と表わされるとき，$\boldsymbol{e}_1, \boldsymbol{e}_2, \boldsymbol{e}_3$ はベクトル空間 V を生成するという．

3 個のベクトル $\boldsymbol{a}_1, \boldsymbol{a}_2, \boldsymbol{a}_3$ があるとき $\alpha_1, \alpha_2, \alpha_3$ を実数とする和

$$\alpha_1\boldsymbol{a}_1+\alpha_2\boldsymbol{a}_2+\alpha_3\boldsymbol{a}_3 \tag{1.23}$$

をベクトル $\boldsymbol{a}_1, \boldsymbol{a}_2, \boldsymbol{a}_3$ の **1 次結合**という．

$$\alpha_1\boldsymbol{a}_1+\alpha_2\boldsymbol{a}_2+\alpha_3\boldsymbol{a}_3 = \boldsymbol{0} \tag{1.24}$$

で $\alpha_1, \alpha_2, \alpha_3$ の中に少なくとも1つ0でない数があるとき，ベクトル $\boldsymbol{a}_1, \boldsymbol{a}_2, \boldsymbol{a}_3$ は**1次従属**であるという．

また，$\alpha_1=\alpha_2=\alpha_3=0$ のときに限って(1.24)が成立するとき $\boldsymbol{a}_1, \boldsymbol{a}_2, \boldsymbol{a}_3$ は**1次独立**であるという．

ベクトル空間の基底と次元　ベクトル空間 V のベクトル $\boldsymbol{e}_1, \boldsymbol{e}_2, \boldsymbol{e}_3$ が次の条件をみたすとき，$\boldsymbol{e}_1, \boldsymbol{e}_2, \boldsymbol{e}_3$ は V の**基底**であるという．

(i)　$\boldsymbol{e}_1, \boldsymbol{e}_2, \boldsymbol{e}_3$ は1次独立である

(ii)　$\boldsymbol{e}_1, \boldsymbol{e}_2, \boldsymbol{e}_3$ は V を生成する

V の基底の個数を V の**次元**といい，$\dim V$ と書く．この場合は $\dim V=3$ である．

部分空間の定義　ベクトル空間 V の空でない部分集合 W が次の2つの条件

(1)　W の任意の2つの元 $\boldsymbol{a}, \boldsymbol{b}$ に対して $\boldsymbol{a}+\boldsymbol{b}$ は W の元

(2)　$\boldsymbol{a}$ は W の元，α は実数，に対して $\alpha\boldsymbol{a}$ は W の元

をみたすとき，W を V の**部分空間**という．

定理　ベクトル空間 V の2つの部分空間 W_1, W_2 に対して

(1)　$W_1\cap W_2 = \{\boldsymbol{a}$ は V の元$|\boldsymbol{a}$ は W_1 の元でかつ $\boldsymbol{a}$ は W_2 の元$\}$

(2)　$W_1+W_2 = \{\boldsymbol{a}$ は V の元$|\boldsymbol{a}=\boldsymbol{a}_1+\boldsymbol{a}_2$ で $\boldsymbol{a}_1$ は W_1, $\boldsymbol{a}_2$ は W_2 の元$\}$

は共に V の部分空間である．

$W_1\cap W_2$ を W_1 と W_2 の**共通部分**，W_1+W_2 を W_1 と W_2 の**和**という．

例題 1.3　次のベクトルの組が1次従属であるように実数 k の値を求めよ.

$$\boldsymbol{a} = (k, 3), \qquad \boldsymbol{b} = (3, k)$$

［解］　$\alpha(k, 3)+\beta(3, k) = (0, 0)$

これより

$$\begin{cases} k\alpha+3\beta = 0 & (1) \\ 3\alpha+k\beta = 0 & (2) \end{cases}$$

(1) より

$$\beta = -\frac{k}{3}\alpha \qquad (3)$$

(3) を (2) に代入すると,

$$3\alpha-\frac{k^2}{3}\alpha = 0$$

$\alpha=0$ だと (1) より $\beta=0$ となり，1次独立. したがって，$\alpha\neq 0$ ならば1次従属となり $k=\pm 3$.

例題 1.4　ベクトル空間 $V=\{(x, 0, y)\,|\,x, y$ は任意の実数$\}$ はベクトル $\boldsymbol{a}=(3, 0, 1)$ と $\boldsymbol{b}=(-1, 0, 2)$ によって生成されることを示せ.

［解］　$\boldsymbol{a}, \boldsymbol{b}$ は V の元だから，V の任意のベクトル $\boldsymbol{x}$ が $\boldsymbol{a}$ と $\boldsymbol{b}$ の1次結合で表わせることを示す.

$$(x, 0, y) = \alpha(3, 0, 1)+\beta(-1, 0, 2)$$

より

$$\begin{cases} 3\alpha-\beta = x \\ \alpha+2\beta = y \end{cases}$$

これを解いて

$$\alpha = \frac{1}{7}(2x+y), \qquad \beta = -\frac{1}{7}(x-3y)$$

これより

$$(x, 0, y) = \frac{2x+y}{7}(3, 0, 1)-\frac{x-3y}{7}(-1, 0, 2)$$

すなわち，V は2つのベクトル $\boldsymbol{a}, \boldsymbol{b}$ によって生成されている.

問　題 1–2

［1］ $\boldsymbol{a}=(1,2)$，$\boldsymbol{b}=(-5,3)$ のとき，次を求めよ．

(1)　$3\boldsymbol{a}-2\boldsymbol{b}$　　(2)　$|\boldsymbol{a}|$　　(3)　$\boldsymbol{a}\cdot\boldsymbol{b}$　　(4)　$\boldsymbol{b}$ と同方向な単位ベクトル $\boldsymbol{c}$

(5)　$\boldsymbol{a},\boldsymbol{b}$ のなす角を θ とするとき，$\cos\theta$

(6)　$\boldsymbol{a},\boldsymbol{b}$ のつくる平行四辺形の面積 S　　(7)　$\boldsymbol{a}$ と垂直な単位ベクトル

［2］ 次の 3 個のベクトルは 1 次独立か．1 次独立でない場合には，ベクトル $\boldsymbol{a}$ を他のベクトルの 1 次結合で表わせ．

$$\boldsymbol{a}=(1,1),\quad \boldsymbol{b}=(1,-1),\quad \boldsymbol{c}=(2,3)$$

［3］ $|\boldsymbol{a}\cdot\boldsymbol{b}|\leqq\sqrt{\boldsymbol{a}\cdot\boldsymbol{a}}\sqrt{\boldsymbol{b}\cdot\boldsymbol{b}}$ を示せ(**シュワルツの不等式**)．

［4］ 4 辺形 OACB において，$\overrightarrow{\mathrm{OA}}=\boldsymbol{a}$，$\overrightarrow{\mathrm{OB}}=\boldsymbol{b}$ とし，$\overrightarrow{\mathrm{OC}}=\dfrac{1}{2}\boldsymbol{a}+\dfrac{2}{3}\boldsymbol{b}$ とする．OA と BC の交点を E，OC と AB の交点を F とする．$\overrightarrow{\mathrm{OE}},\overrightarrow{\mathrm{BE}},\overrightarrow{\mathrm{OF}},\overrightarrow{\mathrm{BF}}$ を 2 つのベクトル $\boldsymbol{a},\boldsymbol{b}$ で表わせ．

［5］ $\boldsymbol{a}=(1,0,1)$，$\boldsymbol{b}=(1,1,1)$，$\boldsymbol{c}=(1,-2,1)$，$\boldsymbol{d}=(3,-1,4)$ に対して

(1)　$\boldsymbol{c}$ は $\boldsymbol{a},\boldsymbol{b}$ で生成されるベクトル空間 V の元であることを示せ．

(2)　$\boldsymbol{d}$ は V の元に属さないことを示せ．

［6］

$$W_1=\{(x,y,z,w)\,|\,x+y=w,\ \ x+w=y+z\}$$
$$W_2=\{(x,y,z,w)\,|\,x+w=z,\ \ y=0\}$$

とする．このとき，$W_1\cap W_2$ の基底と次元を求めよ．

1-3 $\boldsymbol{n}$ 次元ベクトル

前節の2次元の平面，3次元の空間という考え方を拡張して，n 個の数値の組で表わされる n 次元空間を考えることができる．

数の組

$$\boldsymbol{a} = (a_1, a_2, \cdots, a_n) \tag{1.25}$$

に対して，スカラー倍，加法の演算を次のように定義する．

$$r\boldsymbol{a} = (ra_1, ra_2, \cdots, ra_n) \qquad (r \text{ は実数}) \tag{1.26}$$

$$\boldsymbol{a}+\boldsymbol{b} = (a_1+b_1, \cdots, a_n+b_n) \tag{1.27}$$

1-1節のスカラー倍と和の公式が成立し，$\boldsymbol{a}$ を **$\boldsymbol{n}$ 次元ベクトル**，各 a_i を $\boldsymbol{a}$ の**成分**とよぶ．

ベクトル $\boldsymbol{a}$ の大きさ $|\boldsymbol{a}|$ を

$$|\boldsymbol{a}| = \sqrt{a_1^2+\cdots+a_n^2} \tag{1.28}$$

で定義し，$|\boldsymbol{a}|=1$ のベクトルを**単位ベクトル**という．

2つのベクトル $\boldsymbol{a}=(a_1, \cdots, a_n)$ と $\boldsymbol{b}=(b_1, \cdots, b_n)$, $(\neq \boldsymbol{0})$ の**内積**は1-2節と同じように成分を使って

$$\boldsymbol{a}\cdot\boldsymbol{b} = a_1b_1+\cdots+a_nb_n \tag{1.29}$$

で定義する．

$\boldsymbol{a}$ と $\boldsymbol{b}$ のなす角 θ は次の式を満たす．

$$\boldsymbol{a}\cdot\boldsymbol{b} = |\boldsymbol{a}||\boldsymbol{b}|\cos\theta \tag{1.30}$$

n 次元空間で，n 個の1次独立な単位ベクトルの組を**基本ベクトル**という．とくに，どの2つの単位ベクトルも直交するときは，この基本ベクトルを**正規直交系**とよぶ．

n 次元の正規直交系として，

$$\boldsymbol{e}_1 = (1, 0, \cdots, 0),\ \ \boldsymbol{e}_2 = (0, 1, 0, \cdots, 0),\ \ \cdots,\ \ \boldsymbol{e}_n = (0, \cdots, 0, 1) \tag{1.31}$$

を選べる．

例題 1.5 1次独立な2つのベクトル $\boldsymbol{a}_1, \boldsymbol{a}_2 (\neq \boldsymbol{0})$ から，次のようにして $\boldsymbol{b}_1, \boldsymbol{b}_2, \boldsymbol{e}_1, \boldsymbol{e}_2$ を作ると，$\boldsymbol{e}_1$ と $\boldsymbol{e}_2$ は直交し，$\boldsymbol{e}_1, \boldsymbol{e}_2$ は正規直交系になることを示せ．

$$\boldsymbol{b}_1 = \boldsymbol{a}_1, \qquad \boldsymbol{e}_1 = \frac{1}{|\boldsymbol{b}_1|}\boldsymbol{b}_1$$

$$\boldsymbol{b}_2 = \boldsymbol{a}_2 - (\boldsymbol{a}_2 \cdot \boldsymbol{e}_1)\boldsymbol{e}_1, \qquad \boldsymbol{e}_2 = \frac{1}{|\boldsymbol{b}_2|}\boldsymbol{b}_2$$

［解］ 直接計算すれば，あきらかであるが，作り方を考えてみる．$\boldsymbol{b}_1$ をその長さで割って，長さ1のベクトルにしたものが $\boldsymbol{e}_1$ である．

$$\boldsymbol{b}_2 = \boldsymbol{a}_2 + \alpha \boldsymbol{e}_1$$

とおき，$\boldsymbol{b}_2$ と $\boldsymbol{e}_1$ が直交するように α をきめる．

$$\boldsymbol{b}_2 \cdot \boldsymbol{e}_1 = (\boldsymbol{a}_2 + \alpha \boldsymbol{e}_1) \cdot \boldsymbol{e}_1 = \boldsymbol{a}_2 \cdot \boldsymbol{e}_1 + \alpha \boldsymbol{e}_1 \cdot \boldsymbol{e}_1 = \boldsymbol{a}_2 \cdot \boldsymbol{e}_1 + \alpha$$

直交しているから，$\boldsymbol{a}_2 \cdot \boldsymbol{e}_1 + \alpha = 0$. したがって α が決まり

$$\boldsymbol{b}_2 = \boldsymbol{a}_2 - (\boldsymbol{a}_2 \cdot \boldsymbol{e}_1)\boldsymbol{e}_1$$

$\boldsymbol{b}_2$ から長さ1のベクトル $\boldsymbol{e}_2$ を作る．

この方法は**グラム-シュミットの直交化法**といわれ，一般には，1次独立な $\boldsymbol{a}_1, \boldsymbol{a}_2, \cdots, \boldsymbol{a}_n (\neq \boldsymbol{0})$ から，互いに直交する単位ベクトル（正規直交系 $\boldsymbol{e}_1, \cdots, \boldsymbol{e}_n$）が作られる．

$$\boldsymbol{b}_1 = \boldsymbol{a}_1, \qquad \boldsymbol{e}_1 = \frac{1}{|\boldsymbol{b}_1|}\boldsymbol{b}_1$$

$$\cdots\cdots\cdots\cdots\cdots$$

$$\boldsymbol{b}_n = \boldsymbol{a}_n - (\boldsymbol{a}_n \cdot \boldsymbol{e}_1)\boldsymbol{e}_1 - (\boldsymbol{a}_n \cdot \boldsymbol{e}_2)\boldsymbol{e}_2 - \cdots - (\boldsymbol{a}_n \cdot \boldsymbol{e}_{n-1})\boldsymbol{e}_{n-1}$$

$$\boldsymbol{e}_n = \frac{1}{|\boldsymbol{b}_n|}\boldsymbol{b}_n$$

例題 1.6

$V = \{\alpha_1 \boldsymbol{a} + \alpha_2 \boldsymbol{b} + \alpha_3 \boldsymbol{c} \mid \boldsymbol{a} = (-2, -1, 2),\ \boldsymbol{b} = (-4, -2, 4),\ \boldsymbol{c} = (3, 1, 0),\ \alpha_i$ は任意の実数$\}$
の次元と1組の基底を求めよ．

［解］ V の任意の元は $\boldsymbol{a}, \boldsymbol{b}, \boldsymbol{c}$ の1次結合で表わされている．そこでまず，$\boldsymbol{a}, \boldsymbol{b}, \boldsymbol{c}$ の1次独立性を調べる．

$$-2\boldsymbol{a} + \boldsymbol{b} = \boldsymbol{0}$$

より $\boldsymbol{a}, \boldsymbol{b}$ は1次従属．次に

$$\alpha_1 \boldsymbol{a} + \alpha_3 \boldsymbol{c} = \boldsymbol{0}$$

とする．

$$(-2\alpha_1+3\alpha_3,\ -\alpha_1+\alpha_3,\ 2\alpha_1) = (0, 0, 0)$$

これより

$$\alpha_1 = \alpha_3 = 0$$

したがって，$\boldsymbol{a}$ と $\boldsymbol{c}$ は 1 次独立．

$$V = \{(\alpha_1+2\alpha_2)\boldsymbol{a}+\alpha_3\boldsymbol{c} \mid \alpha_i \text{ は実数}\}$$

となり，V の基底は $\boldsymbol{a}$ と $\boldsymbol{c}$ で，$\dim V=2$.

TIPS：　少し変わった内積

1–2 節と本節で定義した内積 $\boldsymbol{a}\cdot\boldsymbol{b}$ が次の性質をもっていることは容易にわかる．

$$\boldsymbol{a}\cdot\boldsymbol{b} = \boldsymbol{b}\cdot\boldsymbol{a}$$

$$(\boldsymbol{a}+\boldsymbol{b})\cdot\boldsymbol{c} = \boldsymbol{a}\cdot\boldsymbol{c}+\boldsymbol{b}\cdot\boldsymbol{c}$$

$$(k\boldsymbol{a})\cdot\boldsymbol{b} = k(\boldsymbol{a}\cdot\boldsymbol{b}) \qquad (k \text{ は実数})$$

$\boldsymbol{a}\cdot\boldsymbol{a} \geqq 0$，ただし $\boldsymbol{a}\cdot\boldsymbol{a}=0$ は $\boldsymbol{a}=\boldsymbol{0}$ のときに限る

逆にこれらの性質をもつ $\boldsymbol{a}\cdot\boldsymbol{b}$ を内積と呼んでもよいだろう．少し変わった内積を 2 つ考える．

$\boldsymbol{a}=(a_1, a_2, a_3)$，$\boldsymbol{b}=(b_1, b_2, b_3)$ に対して，

$$\boldsymbol{a}\cdot\boldsymbol{b} = 3a_1b_1+2a_2b_2+a_3b_3$$

とすれば，上の 4 つの内積の条件をみたす．

また

$$\boldsymbol{C} = \{f \mid f = f(x) \text{ は区間 } [0, 1] \text{ で連続な関数}\}$$

に属する 2 つの元を f, g とするとき，

$$(f, g) = \int_0^1 f(x)g(x)dx$$

とすれば，これも上の内積の条件をみたす．

例題 1.7　$x_{n+2}=x_{n+1}+x_n$ で決まる数列全体 V を考える．すなわち

$$V = \{\{x_n\}_{n\geqq 0} | x_{n+2}=x_{n+1}+x_n\}$$

このとき V の次元と 1 組の基底を求めよ．

［**解**］　まず V にどのような元があるかを調べてみる．

$$x_0=0,\ \ x_1=0 \text{ にすれば } (0, 0, 0, \cdots)$$

$$x_0=2,\ \ x_1=5 \text{ にすれば } (2, 5, 7, 12, \cdots)$$

$$x_0=1,\ \ x_1=2 \text{ にすれば } (1, 2, 3, 5, 8, \cdots)$$

などである．このように V の元は最初の 2 つの値 x_0, x_1 によって決まる．

一般に $x_0=\alpha$, $x_1=\beta$ としてみる．

$$(\alpha, \beta, \alpha+\beta, \alpha+2\beta, 2\alpha+3\beta, \cdots) = \alpha(1, 0, 1, 1, 2, 3, 5, \cdots)+\beta(0, 1, 1, 2, 3, 5, \cdots)$$

したがって，V から任意の元 v をとれば

$$v = \alpha v_1+\beta v_2$$

と書ける．ここで

$$v_1 = (1, 0, 1, 1, 2, \cdots)$$

$$v_2 = (0, 1, 1, 2, 3, \cdots)$$

また v_1 と v_2 は 1 次独立であるから，V の基底は v_1 と v_2 で $\dim V=2$.

問　題 1-3

[1]　2 個のベクトル $\boldsymbol{a}=(1, 2, 1, 3)$，$\boldsymbol{b}=(1, 3, -1, -2)$ に対して

(1)　$\boldsymbol{a}$ の大きさを求めよ．

(2)　$\boldsymbol{a}$ と $\boldsymbol{b}$ のなす角 θ を求めよ．

(3)　$\boldsymbol{c}=2\boldsymbol{a}-3\boldsymbol{b}$ とするとき，内積 $\boldsymbol{c}\cdot\boldsymbol{a}$ を求めよ．

(4)　$\boldsymbol{c}$ と $\boldsymbol{a}$ のなす角を φ とするとき，$\cos\varphi$ を求めよ．

[2]　$\boldsymbol{x}_1=(0, 1, -1, 1)$ と $\boldsymbol{x}_2=(1, 0, -2, 3)$ で生成されるベクトル空間を U とするとき，U の元と直交する空間 V は

$$V = \{(2\alpha-3\beta, \alpha-\beta, \alpha, \beta) \mid \alpha, \beta \text{ は任意の実数}\}$$

であることを示せ．

[3]　グラム-シュミットの直交化法により

$$\boldsymbol{a}_1 = (1, 1, 1), \quad \boldsymbol{a}_2 = (0, 1, 1), \quad \boldsymbol{a}_3 = (1, 1, 0)$$

から正規直交基底を求めよ．

[4]　n 次元ベクトル空間において，ベクトル $\boldsymbol{a}, \boldsymbol{b}, \boldsymbol{c}$ が 1 次独立であるとき，次のベクトルの組は 1 次独立か，1 次従属かを判定せよ．

(1)　$\boldsymbol{a}+\boldsymbol{b}$，$\boldsymbol{b}+\boldsymbol{c}$，$\boldsymbol{c}+\boldsymbol{a}$

(2)　$\boldsymbol{a}-\boldsymbol{b}$，$\boldsymbol{b}-\boldsymbol{c}$，$\boldsymbol{c}-\boldsymbol{a}$

[5]　$W=\{(x, y, z) \mid x+y+z=0\,;\, x, y, z \text{ は実数}\}$ に対して，W の 1 組の基底と次元を求めよ．

2

行 列

ベクトルを一般化した行列を定義し，行列の演算公式を用いていろいろな行列の問題を取りあげる．また２つのベクトル空間のあいだの写像で，とくに１次変換を取りあげ，１次変換の演算を考えて，いろいろな問題を解く．

2-1 行列とは

mn 個の数 a_{ij} $(i=1, 2, \cdots, m; j=1, 2, \cdots, n)$ に対して

$$\begin{pmatrix} a_{11} & a_{12} & \cdots & a_{1n} \\ a_{21} & a_{22} & \cdots & a_{2n} \\ \cdots & \cdots & \cdots & \cdots \\ a_{m1} & a_{m2} & \cdots & a_{mn} \end{pmatrix} \tag{2.1}$$

を **m 行 n 列の行列**，または **$m\times n$ 型行列**という．

a_{ij} を行列の (i, j) 成分，$a_{i1}, a_{i2}, \cdots, a_{in}$ を行列の第 i 行，$a_{1j}, a_{2j}, \cdots, a_{mj}$ を行列の第 j 列という．

とくに，$1\times n$ 型行列

$$(a_{i1}, a_{i2}, \cdots, a_{in}) \tag{2.2}$$

は n 次元行ベクトルであり，$n\times 1$ 型行列

$$\begin{pmatrix} a_{1j} \\ a_{2j} \\ \vdots \\ a_{nj} \end{pmatrix} \tag{2.3}$$

は n 次元列ベクトルである．行列を単に

$$(a_{ij}) \tag{2.4}$$

と表わすこともある．

$m\times n$ 型行列 $A=(a_{ij})$ の行と列を入れかえて得られる行列を A の**転置行列**といい，A^{T} で表わす．

2つの行列 A と B が同じ型の行列で，しかも対応する成分がそれぞれ等しいとき，A と B は等しいといい，

$$A = B \tag{2.5}$$

と書く．

すべての成分が0である $m\times n$ 型行列を $m\times n$ 型**零行列**といい，$O_{m\times n}$，または O で表わす．

$n\times n$ 型行列を **n 次正方行列**といいい，$a_{11}, a_{22}, \cdots, a_{nn}$ を**対角成分**という．

n 次正方行列で，対角成分が 1 でその他が 0 である行列を**単位行列**といい，E_n または E で表わす．

$$E_n = \begin{pmatrix} 1 & 0 & \cdots & 0 \\ 0 & 1 & & 0 \\ \vdots & & \ddots & \vdots \\ 0 & 0 & \cdots & 1 \end{pmatrix} \tag{2.6}$$

行列の演算　行列 $A=(a_{ij})$, $B=(b_{ij})$ が同じ $m\times n$ 型行列のとき，和 $A+B$ は対応する成分ごとの和，

$$A+B = (a_{ij}+b_{ij}) \tag{2.7}$$

で定義する．

行列 A，実数 r に対し，**スカラー倍** rA は A のすべての成分を r 倍する行列である．すなわち

$$rA = (ra_{ij}) \tag{2.8}$$

とくに

$$(-1)A = -A, \quad A+(-B) = A-B \tag{2.9}$$

と書き，$A-B$ を A と B の**差**という．

n 次正方行列 A が，$A^{\mathrm{T}}=A$ をみたすとき，A を**対称行列**という．

また，$A^{\mathrm{T}}=-A$ をみたすとき，A を**交代行列**または**反対称行列**という．

演算の公式　行列の演算に対して次の公式が成り立つ．ただし，λ, μ は任意の実数を表わす．

$$A+B = B+A \tag{2.10}$$

$$(A+B)+C = A+(B+C) \tag{2.11}$$

$$\lambda(A+B) = \lambda A+\lambda B \tag{2.12}$$

$$(\lambda+\mu)A = \lambda A+\mu A \tag{2.13}$$

$$(\lambda\mu)A = \lambda(\mu A) \tag{2.14}$$

$$1A = A \tag{2.15}$$

例題 2.1　(i)　次の行列について，問に答えよ．

$$\begin{pmatrix} 2 & 4 & -2 & 3 \\ 1 & 0 & 2 & -1 \\ 1 & 3 & 6 & -2 \end{pmatrix}$$

(1)　何型か．

(2)　第 2 行の行ベクトルは何か．

(3)　第 4 列の列ベクトルは何か．

(4)　(2, 2)成分，(3, 4)成分，(3, 1)成分をあげよ．

(ii)　3 次元列ベクトル

$$\boldsymbol{a}_j = \begin{pmatrix} -2j \\ 3j+5 \\ 4 \end{pmatrix} \qquad (j=1, 2, 3)$$

を第 j 列とするような 3×3 型行列 A を書け．

［解］　(i)　(1)　横の並びが行，縦の並びが列である．3 個の行と 4 個の列をもっているから，3×4 型行列である．

(2)　2 行目に並んでいる成分をとり出した 1×4 型行列

$$(1 \quad 0 \quad 2 \quad -1)$$

(3)　4 列目に並んでいる成分をとり出した 3×1 型行列

$$\begin{pmatrix} 3 \\ -1 \\ -2 \end{pmatrix}$$

(4)　(2, 2) 成分は第 2 行と第 2 列の交差点にある数だから 0，同様に (3, 4) 成分は −2，(3, 1) 成分は 1 である．

(ii)　求める行列を A とすると，

$$A = (\boldsymbol{a}_1 \quad \boldsymbol{a}_2 \quad \boldsymbol{a}_3)$$

これらを計算して

$$A = \begin{pmatrix} -2 & -4 & -6 \\ 8 & 11 & 14 \\ 4 & 4 & 4 \end{pmatrix}$$

を得る．

例題 2.2

$$A=\begin{pmatrix}-1 & 1 & 7\\ 2 & -3 & 4\\ 7 & 2 & 2\end{pmatrix},\quad B=\begin{pmatrix}2 & 3 & 1\\ 1 & 1 & 2\\ 1 & 1 & 1\end{pmatrix}$$

とするとき，次の行列 X をそれぞれ求めよ．

(i)　$X=3A+B$

(ii)　$A-5X=-3B$

(iii)　$2(X+A)=3(3B+X)$

［解］ A, B ともに 3×3 型行列だから，和は定義できる．

(i)　$X=3A+B=3\begin{pmatrix}-1 & 1 & 7\\ 2 & -3 & 4\\ 7 & 2 & 2\end{pmatrix}+\begin{pmatrix}2 & 3 & 1\\ 1 & 1 & 2\\ 1 & 1 & 1\end{pmatrix}$

$$=\begin{pmatrix}-3 & 3 & 21\\ 6 & -9 & 12\\ 21 & 6 & 6\end{pmatrix}+\begin{pmatrix}2 & 3 & 1\\ 1 & 1 & 2\\ 1 & 1 & 1\end{pmatrix}=\begin{pmatrix}-1 & 6 & 22\\ 7 & -8 & 14\\ 22 & 7 & 7\end{pmatrix}$$

(ii)　$A-5X=-3B$ より

$$X=\frac{1}{5}(A+3B)=\frac{1}{5}\left\{\begin{pmatrix}-1 & 1 & 7\\ 2 & -3 & 4\\ 7 & 2 & 2\end{pmatrix}+3\begin{pmatrix}2 & 3 & 1\\ 1 & 1 & 2\\ 1 & 1 & 1\end{pmatrix}\right\}$$

$$=\frac{1}{5}\left\{\begin{pmatrix}-1 & 1 & 7\\ 2 & -3 & 4\\ 7 & 2 & 2\end{pmatrix}+\begin{pmatrix}6 & 9 & 3\\ 3 & 3 & 6\\ 3 & 3 & 3\end{pmatrix}\right\}$$

$$=\begin{pmatrix}1 & 2 & 2\\ 1 & 0 & 2\\ 2 & 1 & 1\end{pmatrix}$$

(iii)　$2(X+A)=3(3B+X)$ を整理して

$$X=2A-9B=2\begin{pmatrix}-1 & 1 & 7\\ 2 & -3 & 4\\ 7 & 2 & 2\end{pmatrix}-9\begin{pmatrix}2 & 3 & 1\\ 1 & 1 & 2\\ 1 & 1 & 1\end{pmatrix}$$

$$=\begin{pmatrix}-2 & 2 & 14\\ 4 & -6 & 8\\ 14 & 4 & 4\end{pmatrix}-\begin{pmatrix}18 & 27 & 9\\ 9 & 9 & 18\\ 9 & 9 & 9\end{pmatrix}=\begin{pmatrix}-20 & -25 & 5\\ -5 & -15 & -10\\ 5 & -5 & -5\end{pmatrix}$$

例題 2.3　(i)　任意の正方行列 A は，対称行列と交代行列の和として一意的に表わされることを示せ.

(ii)

$$\begin{pmatrix} 1 & 2 & -1 \\ -1 & 1 & 2 \\ 2 & -1 & 1 \end{pmatrix}$$

を対称行列と交代行列の和として表わせ.

[解]　(i)　$B=\frac{1}{2}(A+A^{\mathrm{T}})$,　$C=\frac{1}{2}(A-A^{\mathrm{T}})$

と置く.

$$B^{\mathrm{T}} = \frac{1}{2}(A+A^{\mathrm{T}})^{\mathrm{T}} = \frac{1}{2}(A^{\mathrm{T}}+(A^{\mathrm{T}})^{\mathrm{T}}) = \frac{1}{2}(A^{\mathrm{T}}+A) = B$$

よって B は対称行列.

同様に，$C^{\mathrm{T}}=-C$ となり，C は交代行列である.

$$A = \frac{1}{2}(A+A^{\mathrm{T}}+A-A^{\mathrm{T}}) = \frac{1}{2}(A+A^{\mathrm{T}})+\frac{1}{2}(A-A^{\mathrm{T}}) = B+C$$

(ii)　A の転置行列 A^{T} を作る.

$$A^{\mathrm{T}} = \begin{pmatrix} 1 & -1 & 2 \\ 2 & 1 & -1 \\ -1 & 2 & 1 \end{pmatrix}$$

したがって,

$$A+A^{\mathrm{T}} = \begin{pmatrix} 2 & 1 & 1 \\ 1 & 2 & 1 \\ 1 & 1 & 2 \end{pmatrix}, \quad A-A^{\mathrm{T}} = \begin{pmatrix} 0 & 3 & -3 \\ -3 & 0 & 3 \\ 3 & -3 & 0 \end{pmatrix}$$

(i) より

$$\begin{pmatrix} 1 & 2 & -1 \\ -1 & 1 & 2 \\ 2 & -1 & 1 \end{pmatrix} = \begin{pmatrix} 1 & \frac{1}{2} & \frac{1}{2} \\ \frac{1}{2} & 1 & \frac{1}{2} \\ \frac{1}{2} & \frac{1}{2} & 1 \end{pmatrix} + \begin{pmatrix} 0 & \frac{3}{2} & -\frac{3}{2} \\ -\frac{3}{2} & 0 & \frac{3}{2} \\ \frac{3}{2} & -\frac{3}{2} & 0 \end{pmatrix}$$

問　題 2–1

［1］　次をみたす行列を求めよ．

$$\begin{pmatrix} u & v & w \\ x & y & z \end{pmatrix} = \begin{pmatrix} v+2 & 3 & -w+2 \\ 3w & 2y-1 & 3u \end{pmatrix}$$

［2］　$E_{11} = \begin{pmatrix} 1 & 0 \\ 0 & 0 \end{pmatrix}$,　$E_{12} = \begin{pmatrix} 0 & 1 \\ 0 & 0 \end{pmatrix}$,　$E_{21} = \begin{pmatrix} 0 & 0 \\ 1 & 0 \end{pmatrix}$,　$E_{22} = \begin{pmatrix} 0 & 0 \\ 0 & 1 \end{pmatrix}$

のとき，任意の 2×2 型行列 X は

$$X = aE_{11}+bE_{12}+cE_{21}+dE_{22}$$

の形に表わせることを示せ．

［3］　$A = \begin{pmatrix} 4 & 3 & 1 \\ 5 & 0 & -1 \\ 2 & 4 & 0 \end{pmatrix}$,　$B = \begin{pmatrix} 1 & 1 & -1 \\ 1 & -2 & 0 \\ 3 & 2 & 2 \end{pmatrix}$

のとき，$2A+B$, $A-3B$ を求めよ．

［4］　$A = \begin{pmatrix} 7 & 4 & 1 \\ 1 & 0 & 7 \\ 3 & 1 & 5 \end{pmatrix}$,　$B = \begin{pmatrix} -8 & -6 & -4 \\ -4 & 5 & -3 \\ -2 & -4 & -10 \end{pmatrix}$

のとき

$$\begin{cases} X+2Y = A \\ X-3Y = B \end{cases}$$

となる行列 X, Y を求めよ．

［5］　3 次正方行列 $A=(a_{ij})$ で次のものを書け．

(1)　$a_{ij}=3-2\delta_{ij}$

(2)　$a_{ij}=|i-j|$

ただし，

$$\delta_{ij} = \begin{cases} 1 & (i=j) \\ 0 & (i\neq j) \end{cases}$$

である．このような δ_{ij} をクロネッカーのデルタという．

2-2　1次変換

ベクトル空間 V からベクトル空間 W への写像 f が次の2条件

$$f(\boldsymbol{x}+\boldsymbol{y}) = f(\boldsymbol{x})+f(\boldsymbol{y}) \tag{2.16}$$

$$f(\lambda\boldsymbol{x}) = \lambda f(\boldsymbol{x}) \qquad (\lambda \text{ は実数}) \tag{2.17}$$

をみたすとき，f を**1次変換**，あるいは**線形変換**という．

$\boldsymbol{x}$ を具体的に数ベクトルの形で与えた場合，それに対応するベクトル $f(\boldsymbol{x})$ を，かっこを省略して $f\boldsymbol{x}$ の形で表わすことにする．つまり，

$$\boldsymbol{x} = \begin{pmatrix} x_1 \\ x_2 \\ \vdots \\ x_n \end{pmatrix} \text{ のとき } \quad f(\boldsymbol{x}) = f\boldsymbol{x} = f\begin{pmatrix} x_1 \\ x_2 \\ \vdots \\ x_n \end{pmatrix} \tag{2.18}$$

f, g をベクトル空間 V からベクトル空間 W への1次変換とする．このとき，f と g の**和** $f+g$ を次のように定義する．

$$(f+g)(\boldsymbol{x}) = f(\boldsymbol{x})+g(\boldsymbol{x}) \tag{2.19}$$

f の**スカラー倍** λf を次のように定義する．

$$(\lambda f)(\boldsymbol{x}) = \lambda f(\boldsymbol{x}) \tag{2.20}$$

また2つの1次変換 $f: V\to W$, $g: W\to U$ に対して，f と g の**合成積** $g\cdot f$ は

$$(g\cdot f)(\boldsymbol{x}) = g(f(\boldsymbol{x})) \tag{2.21}$$

で定義する．

f が1次変換で

$$(f\cdot g)(\boldsymbol{x}) = (g\cdot f)(\boldsymbol{x}) = x \tag{2.22}$$

をみたす g が存在するとき，g を f の**逆変換**といい f^{-1} と書く．

とくに，V の恒等写像 e，すなわち V の任意の元 $\boldsymbol{a}$ に対して，$e(\boldsymbol{a})=\boldsymbol{a}$ となる写像も1次変換である．

例題 2.4　次の写像は 1 次変換か．ただし，V と W はベクトル空間とする．

(i)　$f: V \longrightarrow W \quad f\begin{pmatrix} x_1 \\ x_2 \end{pmatrix} = \begin{pmatrix} x_1+x_2 \\ x_1 \end{pmatrix}$

(ii)　$f: V \longrightarrow W \quad f\begin{pmatrix} x_1 \\ x_2 \end{pmatrix} = x_1x_2$

(iii)　$f: V \longrightarrow W \quad f\begin{pmatrix} x_1 \\ x_2 \end{pmatrix} = \begin{pmatrix} x_1+2x_2-1 \\ 3x_1-x_2+2 \end{pmatrix}$

［解］　条件(2.16)と(2.17)が成立していることを示すか，成立しないような例をあげる．

(i)　$\boldsymbol{x} = \begin{pmatrix} x_1 \\ x_2 \end{pmatrix}$, $\boldsymbol{y} = \begin{pmatrix} y_1 \\ y_2 \end{pmatrix}$ を V の任意の元とする．

$$\begin{aligned} f(\boldsymbol{x}+\boldsymbol{y}) &= f\left(\begin{pmatrix} x_1 \\ x_2 \end{pmatrix} + \begin{pmatrix} y_1 \\ y_2 \end{pmatrix}\right) = f\begin{pmatrix} x_1+y_1 \\ x_2+y_2 \end{pmatrix} \\ &= \begin{pmatrix} x_1+y_1+x_2+y_2 \\ x_1+y_1 \end{pmatrix} = \begin{pmatrix} x_1+x_2 \\ x_1 \end{pmatrix} + \begin{pmatrix} y_1+y_2 \\ y_1 \end{pmatrix} = f(\boldsymbol{x})+f(\boldsymbol{y}) \\ f(\lambda\boldsymbol{x}) &= f\begin{pmatrix} \lambda x_1 \\ \lambda x_2 \end{pmatrix} = \begin{pmatrix} \lambda x_1+\lambda x_2 \\ \lambda x_1 \end{pmatrix} = \lambda\begin{pmatrix} x_1+x_2 \\ x_1 \end{pmatrix} = \lambda f(\boldsymbol{x}) \end{aligned}$$

よって f は 1 次変換である．

(ii)　$f(\lambda\boldsymbol{x}) = f\begin{pmatrix} \lambda x_1 \\ \lambda x_2 \end{pmatrix} = \lambda^2 x_1 x_2$．一方，$\lambda f(\boldsymbol{x}) = \lambda x_1 x_2$．よって(2.17)が成立しないので，1 次変換ではない．

(iii)　条件(2.16)で $\boldsymbol{x}=\boldsymbol{y}=\boldsymbol{0}$ とおけば，$f(\boldsymbol{0})=f(\boldsymbol{0})+f(\boldsymbol{0})$ より $f(\boldsymbol{0})=\boldsymbol{0}$．すなわち，1 次変換 f は V のゼロベクトルを W のゼロベクトルに写す．しかし，

$$f\begin{pmatrix} 0 \\ 0 \end{pmatrix} = \begin{pmatrix} -1 \\ 2 \end{pmatrix} \neq \begin{pmatrix} 0 \\ 0 \end{pmatrix}$$

となり，f は 1 次変換ではない．

例題 2.5　f を 2 次元のベクトル空間 V から 1 次元のベクトル空間 W への 1 次変換で，$f\begin{pmatrix}1\\1\end{pmatrix}=2$, $f\begin{pmatrix}3\\-2\end{pmatrix}=-1$ であるとする．

(i)　$f\begin{pmatrix}x_1\\x_2\end{pmatrix}$ を求めよ．

(ii)　$f\begin{pmatrix}2\\-1\end{pmatrix}$ を求めよ．

［解］　(i)　$\begin{pmatrix}x_1\\x_2\end{pmatrix}$ を未知数 α,β を用いて $\begin{pmatrix}1\\1\end{pmatrix}$ と $\begin{pmatrix}3\\-2\end{pmatrix}$ の 1 次結合で表わす．

$$\begin{pmatrix}x_1\\x_2\end{pmatrix}=\alpha\begin{pmatrix}1\\1\end{pmatrix}+\beta\begin{pmatrix}3\\-2\end{pmatrix}$$

これから x_1, x_2 を用いて α,β について解けば

$$\alpha=\frac{1}{5}(2x_1+3x_2),\qquad \beta=\frac{1}{5}(x_1-x_2)$$

f は 1 次変換であるから

$$\begin{aligned}f\begin{pmatrix}x_1\\x_2\end{pmatrix}&=f\left(\alpha\begin{pmatrix}1\\1\end{pmatrix}+\beta\begin{pmatrix}3\\-2\end{pmatrix}\right)\\&=\alpha f\begin{pmatrix}1\\1\end{pmatrix}+\beta f\begin{pmatrix}3\\-2\end{pmatrix}=2\alpha-\beta\\&=\frac{2}{5}(2x_1+3x_2)-\frac{1}{5}(x_1-x_2)=\frac{3}{5}x_1+\frac{7}{5}x_2\end{aligned}$$

(ii)　$f\begin{pmatrix}2\\-1\end{pmatrix}=\frac{3}{5}\times2+\frac{7}{5}\times(-1)=-\frac{1}{5}$

例題 2.6　f, g を 2 次元のベクトル空間 V から 2 次元のベクトル空間 V への次のような 1 次変換とする．

$$f\begin{pmatrix}x_1\\x_2\end{pmatrix}=\begin{pmatrix}3x_1+x_2\\-2x_1+5x_2\end{pmatrix},\qquad g\begin{pmatrix}x_1\\x_2\end{pmatrix}=\begin{pmatrix}-x_1+2x_2\\2x_1-x_2\end{pmatrix}$$

このとき，

(i)　$(3f+2g)\begin{pmatrix}x_1\\x_2\end{pmatrix}$ を求めよ．

(ii)　$(f\cdot g)\begin{pmatrix}x_1\\x_2\end{pmatrix}$ および $(g\cdot f)\begin{pmatrix}x_1\\x_2\end{pmatrix}$ を求めよ．

［解］　(i)　$(3f+2g)\begin{pmatrix}x_1\\x_2\end{pmatrix}=3f\begin{pmatrix}x_1\\x_2\end{pmatrix}+2g\begin{pmatrix}x_1\\x_2\end{pmatrix}$

$$=\begin{pmatrix}9x_1+3x_2\\-6x_1+15x_2\end{pmatrix}+\begin{pmatrix}-2x_1+4x_2\\4x_1-2x_2\end{pmatrix}$$

$$=\begin{pmatrix} 7x_1+7x_2 \\ -2x_1+13x_2 \end{pmatrix}$$

(ii)　$$(f\cdot g)\begin{pmatrix} x_1 \\ x_2 \end{pmatrix}=f\left(g\begin{pmatrix} x_1 \\ x_2 \end{pmatrix}\right)=f\begin{pmatrix} -x_1+2x_2 \\ 2x_1-x_2 \end{pmatrix}$$

$$=\begin{pmatrix} 3(-x_1+2x_2)+(2x_1-x_2) \\ -2(-x_1+2x_2)+5(2x_1-x_2) \end{pmatrix}$$

$$=\begin{pmatrix} -x_1+5x_2 \\ 12x_1-9x_2 \end{pmatrix}$$

$$(g\cdot f)\begin{pmatrix} x_1 \\ x_2 \end{pmatrix}=g\left(f\begin{pmatrix} x_1 \\ x_2 \end{pmatrix}\right)=g\begin{pmatrix} 3x_1+x_2 \\ -2x_1+5x_2 \end{pmatrix}$$

$$=\begin{pmatrix} -(3x_1+x_2)+2(-2x_1+5x_2) \\ 2(3x_1+x_2)-(-2x_1+5x_2) \end{pmatrix}$$

$$=\begin{pmatrix} -7x_1+9x_2 \\ 8x_1-3x_2 \end{pmatrix}$$

(ii)より，一般に合成積では $f\cdot g$ と $g\cdot f$ は等しくないことがわかる．

例題 2.7　f, g を次のような1次変換とする．

$$f\begin{pmatrix} x_1 \\ x_2 \end{pmatrix}=\begin{pmatrix} 2x_1+3x_2 \\ x_1+2x_2 \end{pmatrix},\qquad g\begin{pmatrix} x_1 \\ x_2 \end{pmatrix}=\begin{pmatrix} 2x_1-3x_2 \\ -x_1+2x_2 \end{pmatrix}$$

このとき g は f の逆変換であることを確かめよ．

［解］　$$(f\cdot g)\begin{pmatrix} x_1 \\ x_2 \end{pmatrix}=f\left(g\begin{pmatrix} x_1 \\ x_2 \end{pmatrix}\right)$$

$$=f\begin{pmatrix} 2x_1-3x_2 \\ -x_1+2x_2 \end{pmatrix}$$

$$=\begin{pmatrix} 2(2x_1-3x_2)+3(-x_1+2x_2) \\ 2x_1-3x_2+2(-x_1+2x_2) \end{pmatrix}=\begin{pmatrix} x_1 \\ x_2 \end{pmatrix}$$

$$(g\cdot f)\begin{pmatrix} x_1 \\ x_2 \end{pmatrix}=g\begin{pmatrix} 2x_1+3x_2 \\ x_1+2x_2 \end{pmatrix}$$

$$=\begin{pmatrix} 2(2x_1+3x_2)-3(x_1+2x_2) \\ -(2x_1+3x_2)+2(x_1+2x_2) \end{pmatrix}=\begin{pmatrix} x_1 \\ x_2 \end{pmatrix}$$

［注］　1次変換の逆変換が存在しないこともある．

例　$$f\begin{pmatrix} x \\ y \end{pmatrix}=\begin{pmatrix} x+y \\ 2x+2y \end{pmatrix}$$

問　題 2–2

［1］ f を $f\begin{pmatrix} x_1 \\ x_2 \end{pmatrix}=\begin{pmatrix} 2x_1+x_2 \\ 3x_1+4x_2 \end{pmatrix}$ で定義される 1 次変換とする.

(1) f によって点 $(0,0)$，点 $(-2,3)$ が写像される点を求めよ.

(2) f によって点 $(1,1)$，点 $(4,1)$ に写像される点を求めよ.

(3) f によって自分自身に写像される点を求めよ(このような点を**不動点**という).

［2］ 次の写像は 1 次変換であることを示せ.

$$f\begin{pmatrix} x_1 \\ x_2 \end{pmatrix}=\begin{pmatrix} x_1\cos\theta-x_2\sin\theta \\ x_1\sin\theta+x_2\cos\theta \end{pmatrix}$$

これは点 $\begin{pmatrix} x_1 \\ x_2 \end{pmatrix}$ を原点を中心に角 θ だけ回転したときに移る点が $f\begin{pmatrix} x_1 \\ x_2 \end{pmatrix}$ であることを示している.

［3］ 次のような，平面の 1 次変換を求めよ.

(1) $y=2x$ に関する対称移動.

(2) 原点を中心とする $60°$ の回転.

(3) 原点を相似の中心とする相似比 3 の相似変換.

［4］ $f\begin{pmatrix} x \\ y \end{pmatrix}=\begin{pmatrix} 3x+6y \\ x+2y \end{pmatrix}$ で表わされる 1 次変数がある.

(1) 平面上のすべての点はある図形に写される．どのような図形か.

(2) 直線 $x+2y=t$，t は定数，はどこに写されるか.

(3) 直線 $2x+3y=1$ はどこに写されるか.

［5］ f を V から W への 1 次変換とする．$f(\boldsymbol{x}_1), f(\boldsymbol{x}_2), \cdots, f(\boldsymbol{x}_n)$ が W で 1 次独立ならば $\boldsymbol{x}_1, \boldsymbol{x}_2, \cdots, \boldsymbol{x}_n$ も V で 1 次独立であることを示せ.

2–3　行列の積と転置行列

行列の積　$m\times n$ 型行列 $A=(a_{ij})$ と $n\times l$ 型行列 $B=(b_{ij})$ の**積** AB を $m\times l$ 型行列

$$AB = (c_{ij}), \qquad c_{ij} = a_{i1}b_{1j}+a_{i2}b_{2j}+\cdots+a_{in}b_{nj} \tag{2.23}$$

で定義する．

行列の積に対して次のような演算公式が成り立つ．

$$(AB)C = A(BC) \tag{2.24}$$

$$A(B+C) = AB+AC \tag{2.25}$$

$$(A+B)C = AC+BC \tag{2.26}$$

転置行列　また転置に関して次のような演算公式が成り立つ．

$$(A^{\mathrm{T}})^{\mathrm{T}} = A \tag{2.27}$$

$$(A+B)^{\mathrm{T}} = A^{\mathrm{T}}+B^{\mathrm{T}} \tag{2.28}$$

$$(AB)^{\mathrm{T}} = B^{\mathrm{T}}A^{\mathrm{T}} \tag{2.29}$$

$$(\lambda A)^{\mathrm{T}} = \lambda A^{\mathrm{T}} \tag{2.30}$$

零因子　2つの行列 A, B の積が定義でき $A\neq O$, $B\neq O$ であっても，$AB=O$ となることがある．このような行列 A または B を**零因子**という．

行列のべき乗　正方行列 A に対して $A^0=E$(単位行列)と定義し

$$A^1=A,\ A^2=AA,\ \cdots,\ A^{n+1}=A^nA,\ \cdots$$

を A の**べき乗**という．

正則行列　n 次正方行列 A に対して

$$AX = XA = E_n$$

をみたす n 次正方行列 X が存在するとき(いつもあるとは限らない)，A を**正則行列**という．

A が正則行列ならば X は一意的に定まる．X を A の**逆行列**といい A^{-1} で表わす．詳しくは第4章で扱う．

例題 2.8 (i) 次の行列 A, B について AB および BA を求めよ.

$$A = \begin{pmatrix} 1 & -1 & 1 \\ -3 & 2 & -1 \\ -2 & 1 & 0 \end{pmatrix}, \quad B = \begin{pmatrix} 1 & 2 & 3 \\ 2 & 4 & 6 \\ 1 & 2 & 3 \end{pmatrix}$$

(ii) $A = \begin{pmatrix} 3 & -1 \\ 2 & 0 \\ 1 & 1 \end{pmatrix}, \quad B = \begin{pmatrix} 3 & -2 & 1 \\ 1 & 2 & 3 \\ 0 & 1 & 5 \end{pmatrix}, \quad X = \begin{pmatrix} 3 \\ 1 \\ -1 \end{pmatrix}$

とするとき，次を計算せよ.

(1) $A^{\mathrm{T}}A$　(2) AB　(3) BX　(4) XX^{T}　(5) $X^{\mathrm{T}}X$

［解］ (i) $AB = \begin{pmatrix} 1-2+1 & 2-4+2 & 3-6+3 \\ -3+4-1 & -6+8-2 & -9+12-3 \\ -2+2+0 & -4+4+0 & -6+6+0 \end{pmatrix} = \begin{pmatrix} 0 & 0 & 0 \\ 0 & 0 & 0 \\ 0 & 0 & 0 \end{pmatrix}$

$$BA = \begin{pmatrix} 1-6-6 & -1+4+3 & 1-2 \\ 2-12-12 & -2+8+6 & 2-4 \\ 1-6-6 & -1+4+3 & 1-2 \end{pmatrix} = \begin{pmatrix} -11 & 6 & -1 \\ -22 & 12 & -2 \\ -11 & 6 & -1 \end{pmatrix}$$

このように一般に AB と BA は異なる.

(ii) $A^{\mathrm{T}} = \begin{pmatrix} 3 & 2 & 1 \\ -1 & 0 & 1 \end{pmatrix}, \quad X^{\mathrm{T}} = (3 \quad 1 \quad -1)$

(1) $A^{\mathrm{T}}A = \begin{pmatrix} 14 & -2 \\ -2 & 2 \end{pmatrix}$

(2) A は 3×2 型行列，B は 3×3 型行列なので，積 AB は定義できない.

(3) $BX = \begin{pmatrix} 6 \\ 2 \\ -4 \end{pmatrix}$

(4) $XX^{\mathrm{T}} = \begin{pmatrix} 9 & 3 & -3 \\ 3 & 1 & -1 \\ -3 & -1 & 1 \end{pmatrix}$

(5) $X^{\mathrm{T}}X = 11$

例題 2.9　$A=\begin{pmatrix}-1 & 2\\ 3 & -6\end{pmatrix}$とするとき，

(i)　$AX=O$ をみたす 2 次正方行列をすべて求めよ．

(ii)　$AX=O, XA\neq O$ を満たす X の例を 1 つあげよ．

(iii)　$AX=XA=O$ をみたす X をすべて求めよ．

［解］ (i)　求める行列 X を$\begin{pmatrix}x & y\\ z & w\end{pmatrix}$とおく．

$$AX=\begin{pmatrix}-1 & 2\\ 3 & -6\end{pmatrix}\begin{pmatrix}x & y\\ z & w\end{pmatrix}=\begin{pmatrix}-x+2z & -y+2w\\ 3x-6z & 3y-6w\end{pmatrix}=O$$

であるから，AX と O の対応する成分を比較して

$$\begin{cases}-x+2z=0\\ -y+2w=0\end{cases}$$

これより $x=2z, y=2w$．したがって，任意定数 a, b に対して

$$x=2a,\quad y=2b,\quad z=a,\quad w=b$$

とおけば

$$X=\begin{pmatrix}2a & 2b\\ a & b\end{pmatrix}$$

を得る．

(ii)　(i) より X を$\begin{pmatrix}2a & 2b\\ a & b\end{pmatrix}$の形におくことができる．

$$XA=\begin{pmatrix}2a & 2b\\ a & b\end{pmatrix}\begin{pmatrix}-1 & 2\\ 3 & -6\end{pmatrix}$$

$$=\begin{pmatrix}-2a+6b & 4a-12b\\ -a+3b & 2a-6b\end{pmatrix}$$

そこで，$-a+3b\neq 0$ なる a, b をとればよい．たとえば $a=1$，$b=1$ をとれば，

$$X=\begin{pmatrix}2 & 2\\ 1 & 1\end{pmatrix}$$

(iii)　(ii) より $a=3b$ とすれば，$XA=O$．

$$X=\begin{pmatrix}6c & 2c\\ 3c & c\end{pmatrix}\qquad (c \text{ は任意定数})$$

例題 2.10　正方行列 A, B が可換なら，すなわち $AB=BA$ なら，二項展開

$$(A+B)^n = \sum_{j=0}^{n}\binom{n}{j}A^{n-j}B^j$$

が成立することを示せ．ただし

$$\binom{n}{j} = \frac{n!}{(n-j)!j!}$$

［解］ n に関する帰納法による．

$n=1$ のときは明らか．$n \leqq k-1$ までの n に対して与式が成立していると仮定する．$n=k$ のとき

$$\begin{aligned}
(A+B)^k &= (A+B)^{k-1}(A+B) \\
&= \left(\sum_{j=0}^{k-1}\binom{k-1}{j}A^{k-1-j}B^j\right)(A+B) \\
&= \sum_{j=0}^{k-1}\binom{k-1}{j}A^{k-j}B^j + \sum_{j=0}^{k-1}\binom{k-1}{j}A^{k-1-j}B^{j+1} \\
&= A^k + \sum_{j=1}^{k-1}\binom{k-1}{j}A^{k-j}B^j + \sum_{j=1}^{k}\binom{k-1}{j-1}A^{k-j}B^j \\
&= A^k + \sum_{j=1}^{k-1}\left(\binom{k-1}{j}+\binom{k-1}{j-1}\right)A^{k-j}B^j + B^k \\
&= A^k + \sum_{j=1}^{k-1}\binom{k}{j}A^{k-j}B^j + B^k \\
&= \sum_{j=0}^{k}\binom{k}{j}A^{k-j}B^j
\end{aligned}$$

よって，すべての自然数に対して成立している．

例題 2.11　n 次正方行列 A, B に対して，AB が正則行列ならば A, B も正則行列であることを示し，おのおのの逆行列を AB の逆行列を使って求めよ．

［解］ AB の逆行列を X とすると

$$(AB)X = X(AB) = E$$

積に関する公式より

$$A(BX) = E, \quad (XA)B = E$$

となるから，A, B は共に正則行列で

$$A^{-1} = BX, \quad B^{-1} = XA$$

となる．

例題 2.12　次の行列のべき乗を計算せよ．

$$A=\begin{pmatrix}\cos\theta & \sin\theta\\ -\sin\theta & \cos\theta\end{pmatrix}$$

［解］　まず，いくつかべきを計算してみる．

$$\begin{aligned}A^2&=\begin{pmatrix}\cos\theta & \sin\theta\\ -\sin\theta & \cos\theta\end{pmatrix}\begin{pmatrix}\cos\theta & \sin\theta\\ -\sin\theta & \cos\theta\end{pmatrix}\\&=\begin{pmatrix}\cos^2\theta-\sin^2\theta & 2\sin\theta\cos\theta\\ -2\sin\theta\cos\theta & \cos^2\theta-\sin^2\theta\end{pmatrix}\\&=\begin{pmatrix}\cos 2\theta & \sin 2\theta\\ -\sin 2\theta & \cos 2\theta\end{pmatrix}\\A^3&=\begin{pmatrix}\cos 2\theta & \sin 2\theta\\ -\sin 2\theta & \cos 2\theta\end{pmatrix}\begin{pmatrix}\cos\theta & \sin\theta\\ -\sin\theta & \cos\theta\end{pmatrix}\\&=\begin{pmatrix}\cos 2\theta\cos\theta-\sin 2\theta\sin\theta & \cos 2\theta\sin\theta+\sin 2\theta\cos\theta\\ -(\cos 2\theta\sin\theta+\sin 2\theta\cos\theta) & \cos 2\theta\cos\theta-\sin 2\theta\sin\theta\end{pmatrix}\\&=\begin{pmatrix}\cos 3\theta & \sin 3\theta\\ -\sin 3\theta & \cos 3\theta\end{pmatrix}\end{aligned}$$

よって

$$A^n=\begin{pmatrix}\cos n\theta & \sin n\theta\\ -\sin n\theta & \cos n\theta\end{pmatrix}$$

と予想できる．これを n に関する帰納法で示す．

$n=1$ のときは明らか．$n\leqq k-1$ まで成立したと仮定する．$n=k$ のとき

$$\begin{aligned}A^k&=A^{k-1}A\\&=\begin{pmatrix}\cos(k-1)\theta & \sin(k-1)\theta\\ -\sin(k-1)\theta & \cos(k-1)\theta\end{pmatrix}\begin{pmatrix}\cos\theta & \sin\theta\\ -\sin\theta & \cos\theta\end{pmatrix}\\&=\begin{pmatrix}\cos(k-1)\theta\cos\theta-\sin(k-1)\theta\sin\theta & \cos(k-1)\theta\sin\theta+\sin(k-1)\theta\cos\theta\\ -(\sin(k-1)\theta\cos\theta+\cos(k-1)\theta\sin\theta) & \cos(k-1)\theta\cos\theta-\sin(k-1)\theta\sin\theta\end{pmatrix}\\&=\begin{pmatrix}\cos k\theta & \sin k\theta\\ -\sin k\theta & \cos k\theta\end{pmatrix}\end{aligned}$$

よって，すべての自然数に対して成立する．

問　題 2-3

[1]　3次正方行列 P を次のようにおく．

$$P=\begin{pmatrix}0&1&0\\0&0&1\\1&0&0\end{pmatrix}$$

(1)　P^2, P^3 を求めよ．

(2)　$A=\begin{pmatrix}a_0&a_1&a_2\\a_2&a_0&a_1\\a_1&a_2&a_0\end{pmatrix}$ とする(**3次巡回行列**という)．このとき $A=a_0E+a_1P+a_2P^2$ を確かめよ．

(3)　A, B が3次巡回行列ならば，積 AB も巡回行列であることを示せ．

[2]　$A=\begin{pmatrix}a&b\\0&c\end{pmatrix}$ とするとき，

$$A^n=\begin{pmatrix}a^n&b_n\\0&c^n\end{pmatrix},\qquad b_n=b\sum_{j=1}^{n}a^{n-j}c^{j-1}$$

を証明せよ．

[3]　$A=\begin{pmatrix}1&1&0\\0&1&1\\0&0&1\end{pmatrix}$ について A^n を求めよ．

[4]　$A=\begin{pmatrix}a&b\\c&d\end{pmatrix}$ は $A^2-(a+d)A+(ad-bc)E=O$ をみたすことを示せ．これは n 次正方行列のケーリー-ハミルトンの定理(6章を参照)の $n=2$ の場合である．

[5]　2次正方行列 X で $X^2=O$ となるものをすべて求めよ．

TIPS：　A^n を予想する方法

例題2.12のように A^2, A^3 を計算して，A^n を予想する方法は一般にはむずかしい．もう少し直接的な方法もある．適当な正則行列 P をみつけて，対角化

$$P^{-1}AP=\begin{pmatrix}\lambda_1&0\\0&\lambda_2\end{pmatrix}$$

ができれば，問題は簡単になる．この場合 P として $\begin{pmatrix}1&1\\i&-i\end{pmatrix}$，$\lambda_1=\cos\theta+i\sin\theta$，$\lambda_2=\cos\theta-i\sin\theta$ ととることができる．

$$\underbrace{P^{-1}AP\,P^{-1}AP\cdots P^{-1}AP}_{n\text{個}}=\begin{pmatrix}\lambda_1^n&0\\0&\lambda_2^n\end{pmatrix}$$

これより

$$A^n=P\begin{pmatrix}\lambda_1^n&0\\0&\lambda_2^n\end{pmatrix}P^{-1}$$

これを計算すれば例題が得られる．これについては，6-3節で詳しく扱う．

2–4 行列の分割

$m\times n$ 型行列 A を次のように rs 個のブロックに分けることを**行列の分割**という.

$$A=\begin{array}{c}\\ m_1\{\\ m_2\{\\ \\ m_r\{\end{array}\left(\begin{array}{c:c:c:c}\overbrace{A_{11}}^{n_1} & \overbrace{A_{12}}^{n_2} & \cdots & \overbrace{A_{1s}}^{n_s}\\ \hdashline A_{21} & A_{22} & \cdots & A_{2s}\\ \hdashline & & & \\ \hdashline A_{r1} & A_{r2} & \cdots & A_{rs}\end{array}\right)$$

ここに，A_{ij} は上から i 番目，左から j 番目にある A の $m_i\times n_j$ 型の小行列(A の成分の一部を用いて作った行列)である.

行列の分割を行なったとき，加法，スカラー乗法，乗法の演算を，ふつうの行列と同様に行なうことができる.

A, B が同じ型の小行列に分割されるとき

$$\begin{pmatrix}A_{11} & \cdots & A_{1l}\\ \vdots & & \vdots\\ A_{k1} & \cdots & A_{kl}\end{pmatrix}+\begin{pmatrix}B_{11} & \cdots & B_{1l}\\ \vdots & & \vdots\\ B_{k1} & \cdots & B_{kl}\end{pmatrix}=\begin{pmatrix}A_{11}+B_{11} & \cdots & A_{1l}+B_{1l}\\ \vdots & & \vdots\\ A_{k1}+B_{k1} & \cdots & A_{kl}+B_{kl}\end{pmatrix}$$

$$\lambda\begin{pmatrix}A_{11} & \cdots & A_{1l}\\ \vdots & & \vdots\\ A_{k1} & \cdots & A_{kl}\end{pmatrix}=\begin{pmatrix}\lambda A_{11} & \cdots & \lambda A_{1l}\\ \vdots & & \vdots\\ \lambda A_{k1} & \cdots & \lambda A_{kl}\end{pmatrix}$$

が成り立つ.

乗法の場合は，行列 U と V が次のようにブロック分割されるとする.

$$U=\begin{pmatrix}U_{11} & U_{12} & \cdots & U_{1p}\\ U_{21} & U_{22} & \cdots & U_{2p}\\ \multicolumn{4}{c}{\cdots\cdots\cdots\cdots\cdots\cdots\cdots}\\ U_{m1} & U_{m2} & \cdots & U_{mp}\end{pmatrix}$$

$$V=\begin{pmatrix} V_{11} & V_{12} & \cdots & V_{1n} \\ V_{21} & V_{22} & \cdots & V_{2n} \\ \cdots & \cdots & \cdots & \cdots \\ V_{p1} & V_{p2} & \cdots & V_{pn} \end{pmatrix}$$

ここで，各ブロック U_{ik} の列の個数は各ブロック V_{kj} の行の個数に等しいものとする．そうすれば

$$UV=\begin{pmatrix} W_{11} & W_{12} & \cdots & W_{1n} \\ W_{21} & W_{22} & \cdots & W_{2n} \\ \cdots & \cdots & \cdots & \cdots \\ W_{m1} & W_{m2} & \cdots & W_{mn} \end{pmatrix}$$

$$W_{ij}=U_{i1}V_{1j}+U_{i2}V_{2j}+\cdots+U_{ip}V_{pj}$$

である．

例題 2.13　行列 A を次のように分割した．

$$A=\left(\begin{array}{cc|c}1&0&1\\0&2&1\\\hline 0&0&1\end{array}\right)=\begin{pmatrix}A_{11}&A_{12}\\A_{21}&A_{22}\end{pmatrix}$$

このとき

$$B=\begin{pmatrix}-1&0&0\\0&1&0\\3&2&1\end{pmatrix}$$

を分割して，AB をブロックごとの計算によって求めよ．

［解］　AB が計算できるように B を分割する．

$$B=\left(\begin{array}{cc|c}-1&0&0\\0&1&0\\\hline 3&2&1\end{array}\right)=\begin{pmatrix}B_{11}&B_{12}\\B_{21}&B_{22}\end{pmatrix}$$

$$B_{11}=\begin{pmatrix}-1&0\\0&1\end{pmatrix},\qquad B_{12}=\begin{pmatrix}0\\0\end{pmatrix}$$

$$B_{21}=(3\quad 2),\qquad B_{22}=1$$

ブロックごとの計算をすると，

$$AB=\begin{pmatrix}A_{11}&A_{12}\\O&A_{22}\end{pmatrix}\begin{pmatrix}B_{11}&O\\B_{21}&B_{22}\end{pmatrix}$$

$$=\begin{pmatrix}A_{11}B_{11}+A_{12}B_{21}&A_{12}B_{22}\\A_{22}B_{21}&A_{22}B_{22}\end{pmatrix}$$

ここで

$$A_{11}B_{11}+A_{12}B_{21}=\begin{pmatrix}1&0\\0&2\end{pmatrix}\begin{pmatrix}-1&0\\0&1\end{pmatrix}+\begin{pmatrix}1\\1\end{pmatrix}(3\quad 2)$$

$$=\begin{pmatrix}-1&0\\0&2\end{pmatrix}+\begin{pmatrix}3&2\\3&2\end{pmatrix}=\begin{pmatrix}2&2\\3&4\end{pmatrix}$$

$$A_{12}B_{22}=\begin{pmatrix}1\\1\end{pmatrix}\cdot 1=\begin{pmatrix}1\\1\end{pmatrix},\qquad A_{22}B_{21}=1\cdot(3\quad 2)=(3\quad 2),\qquad A_{22}B_{22}=1$$

よって

$$AB=\begin{pmatrix}2&2&1\\3&4&1\\3&2&1\end{pmatrix}$$

例題 2.14　A, B を正則な n 次正方行列とする.

$$\begin{pmatrix} A & O \\ O & B \end{pmatrix}$$

の逆行列を求めよ.

[解]　求める逆行列 X と単位行列 E_{2n} を

$$\begin{pmatrix} A & O \\ O & B \end{pmatrix}$$

と同じ型の分割行列

$$X = \begin{pmatrix} X_{11} & X_{12} \\ X_{21} & X_{22} \end{pmatrix}, \quad E_{2n} = \begin{pmatrix} E_n & O \\ O & E_n \end{pmatrix}$$

で表わす.

$$\begin{aligned} \begin{pmatrix} A & O \\ O & B \end{pmatrix}\begin{pmatrix} X_{11} & X_{12} \\ X_{21} & X_{22} \end{pmatrix} &= \begin{pmatrix} AX_{11} & AX_{12} \\ BX_{21} & BX_{22} \end{pmatrix} \\ &= \begin{pmatrix} E_n & O \\ O & E_n \end{pmatrix} \end{aligned}$$

両辺の各ブロックを比較して

$$AX_{11} = E_n, \quad BX_{21} = O$$
$$AX_{12} = O, \quad BX_{22} = E_n$$

仮定より A, B は正則であるから

$$X_{11} = A^{-1}, \quad X_{12} = O$$
$$X_{21} = O, \quad X_{22} = B^{-1}$$

これで X の各ブロックがすべて求められた.

$$\begin{pmatrix} A^{-1} & O \\ O & B^{-1} \end{pmatrix}\begin{pmatrix} A & O \\ O & B \end{pmatrix} = \begin{pmatrix} E_n & O \\ O & E_n \end{pmatrix}$$

は明らか. よって求める逆行列は

$$X = \begin{pmatrix} A & O \\ O & B \end{pmatrix}^{-1} = \begin{pmatrix} A^{-1} & O \\ O & B^{-1} \end{pmatrix}$$

例題 2.15　ブロックに分割された行列

$$A=\left(\begin{array}{cc|cc}1 & a & 0 & 0\\ 0 & 1 & 0 & 0\\ \hline 0 & 0 & 1 & b\\ 0 & 0 & 0 & 1\end{array}\right)$$

に対して，A^2, A^3 を求めよ．

［解］ $A=\begin{pmatrix}A_{11} & O\\ O & A_{22}\end{pmatrix}$,　$A_{11}=\begin{pmatrix}1 & a\\ 0 & 1\end{pmatrix}$,　$A_{22}=\begin{pmatrix}1 & b\\ 0 & 1\end{pmatrix}$

と書くことができる．

$$A^2=\begin{pmatrix}A_{11} & O\\ O & A_{22}\end{pmatrix}\begin{pmatrix}A_{11} & O\\ O & A_{22}\end{pmatrix}=\begin{pmatrix}A_{11}^2 & O\\ O & A_{22}^2\end{pmatrix}$$

一方

$$A_{11}^2=\begin{pmatrix}1 & a\\ 0 & 1\end{pmatrix}\begin{pmatrix}1 & a\\ 0 & 1\end{pmatrix}=\begin{pmatrix}1 & 2a\\ 0 & 1\end{pmatrix}$$

$$A_{22}^2=\begin{pmatrix}1 & 2b\\ 0 & 1\end{pmatrix}$$

だから

$$A^2=\begin{pmatrix}1 & 2a & 0 & 0\\ 0 & 1 & 0 & 0\\ 0 & 0 & 1 & 2b\\ 0 & 0 & 0 & 1\end{pmatrix}$$

である．同様に

$$A^3=\begin{pmatrix}1 & 3a & 0 & 0\\ 0 & 1 & 0 & 0\\ 0 & 0 & 1 & 3b\\ 0 & 0 & 0 & 1\end{pmatrix}$$

一般に

$$A^n=\begin{pmatrix}1 & na & 0 & 0\\ 0 & 1 & 0 & 0\\ 0 & 0 & 1 & nb\\ 0 & 0 & 0 & 1\end{pmatrix}$$

が示せる．

問　題 2-4

[1] $A=\begin{pmatrix}1 & -1 & 0 & 0\\ 0 & 2 & 0 & 0\\ 0 & 0 & 1 & -1\\ 0 & 0 & 0 & 2\end{pmatrix}$,　$B=\begin{pmatrix}0 & 0 & 2 & 3\\ 0 & 0 & 0 & 1\\ 2 & 3 & 0 & 0\\ 0 & 1 & 0 & 0\end{pmatrix}$

のとき，次の計算を行列の分割を用いて行なえ．

(1) A^2　　(2) B^2　　(3) AB　　(4) BA

[2] A を任意の n 次正方行列，E を n 次単位行列とするとき

$$\begin{pmatrix}E-A & A\\ -A & E+A\end{pmatrix}^m \qquad (m \geqq 1)$$

を求めよ．

[3] A, B を n 次正方行列とするとき

$$\begin{pmatrix}E & O\\ -E & E\end{pmatrix}\begin{pmatrix}A & B\\ B & A\end{pmatrix}\begin{pmatrix}E & O\\ E & E\end{pmatrix}=\begin{pmatrix}A+B & B\\ O & A-B\end{pmatrix}$$

が成立することを確かめよ．

[4] 次の分割行列の積を計算せよ．

$$\begin{pmatrix}E & O\\ A & E\end{pmatrix}\begin{pmatrix}X & Y\\ Z & W\end{pmatrix}$$

ただし，行列の分割は積が定義されるようになっているものとする．

[5] $2n$ 次正方行列 A が $J_{2n}=\begin{pmatrix}O_n & -E_n\\ E_n & O_n\end{pmatrix}$ と交換可能であるためには

$$A=\begin{pmatrix}B & -C\\ C & B\end{pmatrix} \qquad (B, C \text{ は } n \text{ 次正方行列})$$

と表わされることが必要十分である．

フラクタルと１次変換

図のような図形をどこかで見かけたことはないだろうか．これがいま世間を騒がせているフラクタルの一種である「コッホ線」である．普通「コッホ曲線」ともいわれるが，「曲線」というにはあまりにもギザギザしていて，滑らかさはないし，どんなに小さな断片をとってもその部分の長さは無限大というシロモノである．よく見ると，コッホ線の一部分は全体(自分自身)を縮小したものになっている．自然の山脈は稜線をもつ山々からできており，稜線からは山肌を削って沢が作られ，沢は砕けた岩で囲まれ，その岩は鋭角的な肌をもつ……．このような自然の光景や雲などは全体が形態的には「自分自身を縮小した構造」(自己相似構造またの名をフラクタル)をもつ．フラクタルを表わす１つの方法が１次変換である．例えばコッホ線は，xy 平面上の任意の１点(x_0, y_0)から出発して

$$\begin{pmatrix} x_{i+1} \\ y_{i+1} \end{pmatrix} = f_1\begin{pmatrix} x_i \\ y_i \end{pmatrix} \cap f_2\begin{pmatrix} x_i \\ y_i \end{pmatrix} \qquad (i=0, 1, 2, \cdots)$$

により順々に新しい点をつくってゆくことでつくれる．ここで

$$f_1\begin{pmatrix} x \\ y \end{pmatrix} = \begin{pmatrix} \dfrac{1}{2} & \dfrac{\sqrt{3}}{6} \\ \dfrac{\sqrt{3}}{6} & -\dfrac{1}{2} \end{pmatrix}\begin{pmatrix} x \\ y \end{pmatrix}$$

$$f_2\begin{pmatrix} x \\ y \end{pmatrix} = \begin{pmatrix} -\dfrac{1}{2} & -\dfrac{\sqrt{3}}{6} \\ \dfrac{\sqrt{3}}{6} & -\dfrac{1}{2} \end{pmatrix}\begin{pmatrix} x \\ y \end{pmatrix} + \begin{pmatrix} 1 \\ 0 \end{pmatrix}$$

であり，∩は点集合の積を表す記号である．複雑な図形を再現する式が非常に簡単なのは驚きである．

3

行列式

２変数，３変数の連立１次方程式を解くことから導入された行列式を一般の場合に拡張し，文字を含んだいろいろな行列式を計算できるようにする．また，行列式の幾何学的な意味を考え，面積や体積を計算する．

3-1 連立1次方程式と行列式

2つの未知数 x_1 と x_2 をもつ連立1次方程式を考える.

$$\begin{cases} a_{11}x_1+a_{12}x_2 = b_1 \\ a_{21}x_1+a_{22}x_2 = b_2 \end{cases} \tag{3.1}$$

中学校，高等学校で解 x_1, x_2 を求めている.

$$\begin{aligned} (a_{11}a_{22}-a_{12}a_{21})x_1 &= b_1a_{22}-b_2a_{12} \\ (a_{11}a_{22}-a_{12}a_{21})x_2 &= b_2a_{11}-b_1a_{21} \end{aligned} \tag{3.2}$$

x_i の係数を並べて，これを

$$D = \begin{vmatrix} a_{11} & a_{12} \\ a_{21} & a_{22} \end{vmatrix} = a_{11}a_{22}-a_{12}a_{21} \tag{3.3}$$

と書き，**2次の行列式**という.

(3.2)の右辺も，行列式を使って

$$D_1 = \begin{vmatrix} b_1 & a_{12} \\ b_2 & a_{22} \end{vmatrix}, \qquad D_2 = \begin{vmatrix} a_{11} & b_1 \\ a_{21} & b_2 \end{vmatrix} \tag{3.4}$$

と書けば

$$Dx_1 = D_1, \qquad Dx_2 = D_2 \tag{3.5}$$

したがって $D \neq 0$ ならば,

$$x_1 = \frac{D_1}{D}, \quad x_2 = \frac{D_2}{D} \tag{3.6}$$

これは4-3節で一般化する**クラメルの公式**の最も簡単な場合である.

次に3つの未知数 x_1, x_2, x_3 をもつ連立1次方程式

$$\begin{cases} a_{11}x_1+a_{12}x_2+a_{13}x_3 = b_1 \\ a_{21}x_1+a_{22}x_2+a_{23}x_3 = b_2 \\ a_{31}x_1+a_{32}x_2+a_{33}x_3 = b_3 \end{cases} \tag{3.7}$$

を考える.

未知数が2のときと同様に未知数を消去してゆくと

$$Dx_i = D_i \tag{3.8}$$

と書ける．ここで

$$D = a_{11}a_{22}a_{33}+a_{12}a_{23}a_{31}+a_{13}a_{32}a_{21}-a_{13}a_{22}a_{31}-a_{12}a_{21}a_{33}-a_{11}a_{32}a_{23} \quad (3.9)$$

で，これを

$$D = \begin{vmatrix} a_{11} & a_{12} & a_{13} \\ a_{21} & a_{22} & a_{23} \\ a_{31} & a_{32} & a_{33} \end{vmatrix} \quad (3.10)$$

とおき，**3次の行列式**という．

3次の行列式を使えば，

$$D_1 = \begin{vmatrix} b_1 & a_{12} & a_{13} \\ b_2 & a_{22} & a_{23} \\ b_3 & a_{32} & a_{33} \end{vmatrix}, \quad D_2 = \begin{vmatrix} a_{11} & b_1 & a_{13} \\ a_{21} & b_2 & a_{23} \\ a_{31} & b_3 & a_{33} \end{vmatrix}, \quad D_3 = \begin{vmatrix} a_{11} & a_{12} & b_1 \\ a_{21} & a_{22} & b_2 \\ a_{31} & a_{32} & b_3 \end{vmatrix} \quad (3.11)$$

したがって，$D \neq 0$ ならば

$$x_1 = \frac{D_1}{D}, \quad x_2 = \frac{D_2}{D}, \quad x_3 = \frac{D_3}{D} \quad (3.12)$$

例題 3.1 次の連立方程式を解け.

$$\begin{cases} 3x+2y = 1 \\ 5x-y = 2 \end{cases}$$

[解]

$$D = \begin{vmatrix} 3 & 2 \\ 5 & -1 \end{vmatrix} = 3\times(-1)-2\times5 = -13 \neq 0$$

$$D_1 = \begin{vmatrix} 1 & 2 \\ 2 & -1 \end{vmatrix} = 1\times(-1)-2\times2 = -5$$

$$D_2 = \begin{vmatrix} 3 & 1 \\ 5 & 2 \end{vmatrix} = 3\times2-1\times5 = 1$$

したがって

$$x = \frac{D_1}{D} = \frac{-5}{-13} = \frac{5}{13}, \qquad y = \frac{D_2}{D} = -\frac{1}{13}$$

連立方程式の解は，2つの直線の交点として幾何学的に解釈できる.

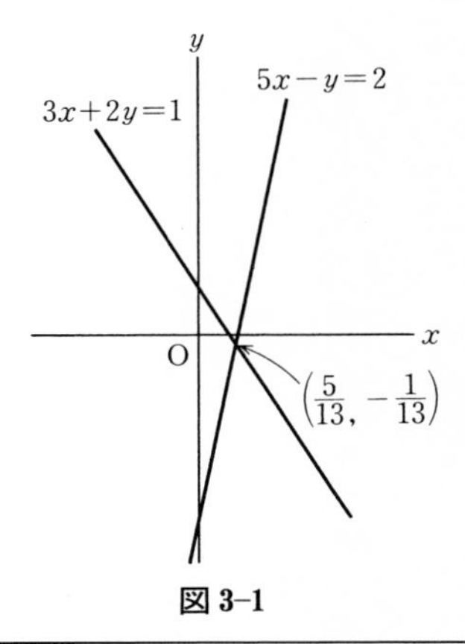

図 3-1

例題 3.2 次の連立方程式を解け.

$$\begin{cases} 3x+2y = 1 \\ 6x+4y = 2 \end{cases}$$

[解] $D = \begin{vmatrix} 3 & 2 \\ 6 & 4 \end{vmatrix} = 3\times4-2\times6 = 0$. この場合はクラメルの公式が使えない.

方程式は見掛上2つあるが，実際は同一なので，$3x+2y=1$ だけを考える.

$$2y = 1-3x \quad \text{より} \quad y = \frac{1}{2}(1-3x)$$

したがって

$$\begin{cases} x = t \\ y = \dfrac{1}{2}(1-3t) \end{cases} \qquad (t \text{ は任意})$$

$3x+2y=1$ 上の点が解のすべてである.

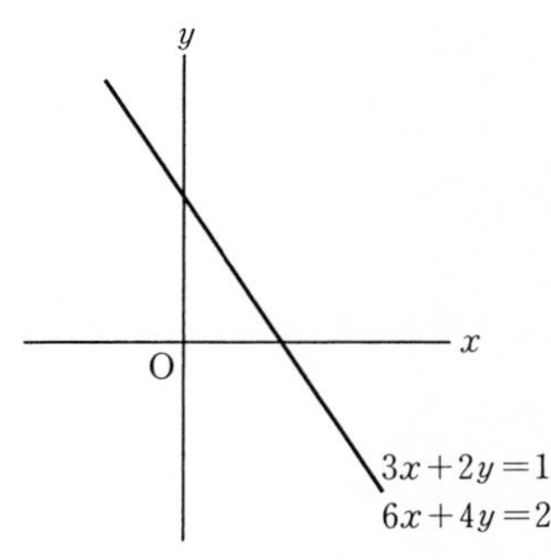

図 3-2

例題 3.3　次の連立方程式を解け．

$$\begin{cases} 3x+y=1 \\ 6x+2y=0 \end{cases}$$

［解］　例題 3.2 と同様に，$D=\begin{vmatrix} 3 & 1 \\ 6 & 2 \end{vmatrix}=0$ だからクラメルの公式は使えない．

2つの式から $1=0$ が得られ，これは矛盾．したがって解はない．これは図で考えるとわかりやすい．2つの直線は平行で交点がない．

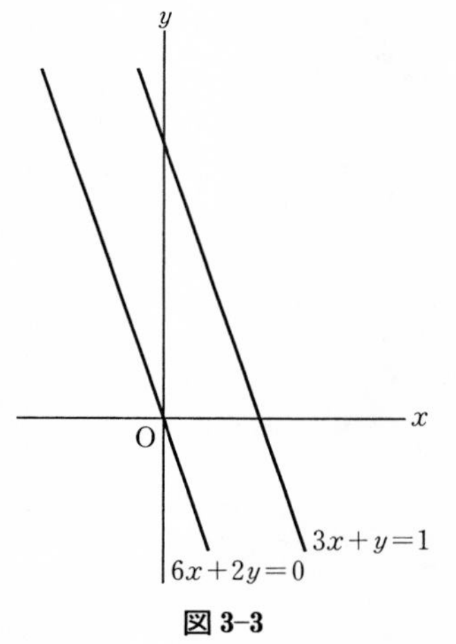

図 3–3

例題 3.4　次の連立1次方程式を解け．

$$\begin{cases} x+y-z=4 \\ 2x-3y+z=1 \\ 3x+2y-2z=11 \end{cases}$$

［解］　係数行列の行列式 D を計算する．

$$D=\begin{vmatrix} 1 & 1 & -1 \\ 2 & -3 & 1 \\ 3 & 2 & -2 \end{vmatrix}=6+3-4-(9-4+2)$$

$$=5-7=-2\neq 0$$

よって，クラメルの公式より，

$$x=\frac{1}{-2}\begin{vmatrix} 4 & 1 & -1 \\ 1 & -3 & 1 \\ 11 & 2 & -2 \end{vmatrix}=-\frac{1}{2}(24+11-2-33+2-8)=\frac{6}{2}=3$$

$$y=\frac{1}{-2}\begin{vmatrix} 1 & 4 & -1 \\ 2 & 1 & 1 \\ 3 & 11 & -2 \end{vmatrix}=-\frac{1}{2}(-2+12-22+3+16-11)=\frac{4}{2}=2$$

$$z=\frac{1}{-2}\begin{vmatrix} 1 & 1 & 4 \\ 2 & -3 & 1 \\ 3 & 2 & 11 \end{vmatrix}=-\frac{1}{2}(-33+3+16+36-22-2)=\frac{2}{2}=1$$

ゆえに，$x=3$，$y=2$，$z=1$．

問 題 3-1

[1] 次の2次行列式を計算せよ.

(1) $\begin{vmatrix} 4 & 3 \\ 2 & 2 \end{vmatrix}$ (2) $\begin{vmatrix} \cos\theta & -\sin\theta \\ \sin\theta & \cos\theta \end{vmatrix}$

(3) $\begin{vmatrix} 1 & \frac{1}{2} \\ \frac{1}{2} & \frac{1}{3} \end{vmatrix}$ (4) $\begin{vmatrix} a+b & a+3b \\ a+2b & a+4b \end{vmatrix}$

[2] 次の3次行列式を計算せよ.

(1) $\begin{vmatrix} -1 & 0 & 3 \\ 2 & 1 & 5 \\ 2 & -3 & 4 \end{vmatrix}$ (2) $\begin{vmatrix} 1 & \frac{1}{2} & \frac{1}{3} \\ \frac{1}{2} & \frac{1}{3} & \frac{1}{4} \\ \frac{1}{3} & \frac{1}{4} & \frac{1}{5} \end{vmatrix}$ (3) $\begin{vmatrix} a & b & c \\ c & a & b \\ b & c & a \end{vmatrix}$

[3] 次の方程式が0を根にもつことを示せ.

$$\begin{vmatrix} 0 & x-a & x-b \\ x+a & 0 & x-c \\ x+b & x+c & 0 \end{vmatrix} = 0$$

[4] $\begin{cases} a_1x+b_1y+c_1 = 0 \\ a_2x+b_2y+c_2 = 0 \\ a_3x+b_3y+c_3 = 0 \end{cases}$

が解をもてば

$$\begin{vmatrix} a_1 & b_1 & c_1 \\ a_2 & b_2 & c_2 \\ a_3 & b_3 & c_3 \end{vmatrix} = 0$$

であることを示せ.

[5] $f(x)=ax^2+bx+c$, $a \neq 0$ のとき, $f(x)=0$ が重根をもつための条件を a, b, c を用いて表わせ.

3–2　行列式の展開

2次と3次の行列式は，前節で連立方程式の解法との関係で導入した．ここでは一般の次数の行列式を考える．

n 個の自然数 $\{1, 2, \cdots, n\}$ を任意の順序で1列に並べたものを，この n 個の数の**順列**という．例えば

$$(4, 1, 3, 2)$$

は4個の数 $\{1, 2, 3, 4\}$ の1つの順列である．この順列において数4と数2の並び方を見ると，左側に大きい方の数があり，1, 2, 3, 4 の自然な順序と逆である．このような2数の組を**転倒**という．この順列には，転倒が

$$(4, 1),\ (4, 3),\ (4, 2),\ (3, 2)$$

と4個ある．

一般に n 個の数 $\{1, 2, \cdots, n\}$ の順列

$$(p_1, p_2, \cdots, p_n)$$

が偶数個(0個も含む)の転倒をもつとき**偶順列**といい，奇数個の転倒をもつとき**奇順列**という．

順列 $(p_1, p_2, \cdots, p_n)$ に対して符号(sgn)を次のように定める．

$$\operatorname{sgn}(p_1, p_2, \cdots, p_n) = \begin{cases} +1 & (p_1, p_2, \cdots, p_n)\text{ が偶順列} \\ -1 & (p_1, p_2, \cdots, p_n)\text{ が奇順列} \end{cases} \tag{3.13}$$

$A=(a_{ij})$ を n 次正方行列とするとき

$$\begin{vmatrix} a_{11} & a_{12} & \cdots & a_{1n} \\ a_{21} & a_{22} & \cdots & a_{2n} \\ \multicolumn{4}{c}{\cdots\cdots\cdots\cdots\cdots\cdots} \\ a_{n1} & a_{n2} & \cdots & a_{nn} \end{vmatrix} = \sum \operatorname{sgn}(p_1, p_2, \cdots, p_n) a_{1p_1} a_{2p_2} \cdots a_{np_n} \tag{3.14}$$

を，A の**行列式**といい，$|A|$ または $\det A$ で表わす．ここに $\sum$ は $(1, 2, \cdots, n)$ のすべての順列 $(p_1, p_2, \cdots, p_n)$ について加えることを意味する．

余因子　n 次の行列式 $|A|$ において，その第 i 行と第 j 列を取り除いてで

きる $n-1$ 次の行列式に $(-1)^{i+j}$ を掛けた数

$$(-1)^{i+j}\begin{vmatrix} a_{11} & \cdots & a_{1,j-1} & a_{1j} & a_{1,j+1} & \cdots & a_{1n} \\ \vdots & & \vdots & & \vdots & & \vdots \\ a_{i-1,1} & \cdots & a_{i-1,j-1} & a_{i-1,j} & a_{i-1,j+1} & \cdots & a_{i-1,n} \\ a_{i1} & \cdots & a_{i,j-1} & a_{ij} & a_{i,j+1} & \cdots & a_{in} \\ a_{i+1,1} & \cdots & a_{i+1,j-1} & a_{i+1,j} & a_{i+1,j+1} & \cdots & a_{i+1,n} \\ \vdots & & \vdots & & \vdots & & \vdots \\ a_{n1} & \cdots & a_{n,j-1} & a_{nj} & a_{n,j+1} & \cdots & a_{nn} \end{vmatrix} \tag{3.15}$$

↑
網かけ部分をはずす

を $|A|$ の (i,j) 成分に対する**余因子**といい，$\tilde{A}_{ij}$ と書く．

定理(余因子展開)　n 次の行列式 $|A|$ は任意の行または列で展開できる．

$$|A| = a_{i1}\tilde{A}_{i1}+a_{i2}\tilde{A}_{i2}+\cdots+a_{in}\tilde{A}_{in} \qquad (\text{第}\,i\,\text{行に関する展開}) \tag{3.16}$$

$$|A| = a_{1j}\tilde{A}_{1j}+a_{2j}\tilde{A}_{2j}+\cdots+a_{nj}\tilde{A}_{nj} \qquad (\text{第}\,j\,\text{列に関する展開}) \tag{3.17}$$

行列 A の (j,i) 成分に対する余因子を (i,j) 成分にもつ行列を A の**余因子行列**といい，$\tilde{A}$ と表わす．

TIPS：　余因子行列の添字のつき方は逆

余因子行列はもとの行列とくらべて添字のつき方が逆になっている．つまり，

$$A = \begin{pmatrix} a_{11} & a_{12} & a_{13} \\ a_{21} & a_{22} & a_{23} \\ a_{31} & a_{32} & a_{33} \end{pmatrix}$$

のとき

$$\tilde{A} = \begin{pmatrix} A_{11} & A_{21} & A_{31} \\ A_{12} & A_{22} & A_{32} \\ A_{13} & A_{23} & A_{33} \end{pmatrix}$$

第4章で

$$A\tilde{A} = |A|E_n$$

を示す．

例題 3.5　行列式の定義(3.14)に従って，$n=2,3$ の場合を計算し，(3.3)，(3.9)式と同一であることを確かめよ．

［解］ $n=2$ の場合．すべての順列は $(1,2)$ と $(2,1)$ だけである．

$$\mathrm{sgn}(1,2)=+1,\qquad \mathrm{sgn}(2,1)=-1$$

よって

$$\begin{vmatrix} a_{11} & a_{12} \\ a_{21} & a_{22} \end{vmatrix}=a_{11}a_{22}-a_{12}a_{21}$$

$n=3$ の場合．$(1,2,3)$ の順列は

$$(1,2,3),\ (1,3,2),\ (2,1,3),\ (2,3,1),\ (3,1,2),\ (3,2,1)$$

の 6 個である．おのおのの符号は

$$\mathrm{sgn}(1,2,3)=+1,\quad \mathrm{sgn}(1,3,2)=-1,\quad \mathrm{sgn}(2,1,3)=-1$$
$$\mathrm{sgn}(2,3,1)=+1,\quad \mathrm{sgn}(3,1,2)=+1,\quad \mathrm{sgn}(3,2,1)=-1$$

よって

$$\begin{vmatrix} a_{11} & a_{12} & a_{13} \\ a_{21} & a_{22} & a_{23} \\ a_{31} & a_{32} & a_{33} \end{vmatrix}=a_{11}a_{22}a_{33}-a_{11}a_{23}a_{32}-a_{12}a_{21}a_{33}+a_{12}a_{23}a_{31}+a_{13}a_{21}a_{32}-a_{13}a_{22}a_{31}$$

例題 3.6　次の行列式の値を計算せよ．

(i) $\begin{vmatrix} 3 & 0 & 5 \\ 2 & 1 & 3 \\ -1 & 2 & 1 \end{vmatrix}$　(ii) $\begin{vmatrix} 2 & 5 & 3 & 1 \\ -3 & 1 & 1 & 6 \\ 1 & 0 & 3 & 1 \\ 5 & 0 & 4 & 1 \end{vmatrix}$　(iii) $\begin{vmatrix} 1 & 2 & 3 & 0 \\ 5 & 4 & -1 & 0 \\ 3 & 1 & 2 & 0 \\ 3 & -3 & 1 & 2 \end{vmatrix}$

［解］ (i)　1 行目で展開する．

$$3\begin{vmatrix} 1 & 3 \\ 2 & 1 \end{vmatrix}-0\begin{vmatrix} 2 & 3 \\ -1 & 1 \end{vmatrix}+5\begin{vmatrix} 2 & 1 \\ -1 & 2 \end{vmatrix}=3(1-6)+5(4+1)=-15+25=10$$

(ii)　どこで展開してもよいが，ゼロがたくさんある行(列)で展開すれば簡単である．そこで，2 列目で展開する．

$$与式=-5\begin{vmatrix} -3 & 1 & 6 \\ 1 & 3 & 1 \\ 5 & 4 & 1 \end{vmatrix}+\begin{vmatrix} 2 & 3 & 1 \\ 1 & 3 & 1 \\ 5 & 4 & 1 \end{vmatrix}$$
$$=-5(-9+5+24-90-1+12)+6+15+4-15-3-8$$

$$= 59\times 5-1 = 294$$

(iii) ゼロが 3 つある第 4 列で展開すれば，見た目は 4 次の行列式でも 3 次行列式になっている．

$$与式 = 2\begin{vmatrix} 1 & 2 & 3 \\ 5 & 4 & -1 \\ 3 & 1 & 2 \end{vmatrix} = 2(8-6+15-36-20+1)$$

$$= 2\times(-38) = -76$$

例題 3.7 次の等式を示せ．

$$\begin{vmatrix} 1+x^2 & x & 0 & 0 \\ x & 1+x^2 & x & 0 \\ 0 & x & 1+x^2 & x \\ 0 & 0 & x & 1+x^2 \end{vmatrix} = 1+x^2+x^4+x^6+x^8$$

［解］ 左辺を $D_4(x)$ とおき，1 行目で展開する．

$$D_4(x) = (1+x^2)\begin{vmatrix} 1+x^2 & x & 0 \\ x & 1+x^2 & x \\ 0 & x & 1+x^2 \end{vmatrix} - x\begin{vmatrix} x & x & 0 \\ 0 & 1+x^2 & x \\ 0 & x & 1+x^2 \end{vmatrix}$$

つぎに，2 番目の項を 1 列目で展開すると，

$$D_4(x) = (1+x^2)D_3(x)-x^2D_2(x)$$

$D_3(x)$ を同じように展開すると，$D_3(x)=(1+x^2)D_2(x)-x^2D_1(x)$ が得られる．

この 2 つの式から

$$\begin{aligned} D_4(x) &= (1+x^2)\{(1+x^2)D_2(x)-x^2D_1(x)\}-x^2D_2(x) \\ &= \{(1+x^2)^2-x^2\}D_2(x)-x^2(1+x^2)D_1(x) \\ &= (1+x^2+x^4)^2-x^2(1+x^2)^2 \\ &= 1+x^2+x^4+x^6+x^8 \end{aligned}$$

一般に n 次行列式に対しても同じように求めることができる．

$$\begin{vmatrix} 1+x^2 & x & 0 & 0 & \cdots\cdots & 0 \\ x & 1+x^2 & x & 0 & \cdots\cdots & 0 \\ 0 & x & 1+x^2 & x & \cdots\cdots & 0 \\ \multicolumn{5}{c}{\cdots\cdots\cdots\cdots\cdots\cdots\cdots\cdots} & x \\ 0 & 0 & 0 & 0 \cdots x & & 1+x^2 \end{vmatrix} = 1+x^2+x^4+\cdots+x^{2n}$$

問　題 3-2

[1]　次の行列式の値を計算せよ．

(1) $\begin{vmatrix} 1 & 0 & 1 & 0 \\ 3 & 2 & -1 & 1 \\ 2 & 0 & 3 & 1 \\ 3 & -4 & 2 & 0 \end{vmatrix}$　　(2) $\begin{vmatrix} 1 & 3 & 3 & 3 \\ 3 & 1 & 3 & 3 \\ 3 & 3 & 1 & 3 \\ 3 & 3 & 3 & 1 \end{vmatrix}$

[2]　次の行列式を因数分解せよ．

$$\begin{vmatrix} a+b & a & a \\ a & a+b & a \\ a & a & a+b \end{vmatrix}$$

[3]　次の等式をみたす x を求めよ．

(1) $\begin{vmatrix} x-2 & -1 & 1 \\ 1 & x-1 & 1 \\ 1 & 1 & x-2 \end{vmatrix} = 0$　　(2) $\begin{vmatrix} x & -1 & 0 & 0 \\ 0 & x & -1 & 0 \\ 0 & 0 & x & -1 \\ -1 & 3 & -3 & 1 \end{vmatrix} = 0$

[4]　次の式を示せ．

$$\begin{vmatrix} a_0 & -1 & 0 & 0 & \cdots & 0 \\ a_1 & x & -1 & 0 & \cdots & 0 \\ a_2 & 0 & x & -1 & \cdots & 0 \\ \cdots & \cdots & \cdots & \cdots & \cdots & -1 \\ a_n & 0 & 0 & 0 & \cdots & x \end{vmatrix} = a_0x^n+a_1x^{n-1}+\cdots+a_n$$

[5]　$A=\begin{pmatrix} \tilde{A}_{11} & \tilde{A}_{21} \\ \tilde{A}_{12} & \tilde{A}_{22} \end{pmatrix}$ であるような一般の 2 次正方行列 A を求めよ．

TIPS：　大きな行列式と差分方程式

大きな行列式の値を計算するときに，差分方程式を解くことに帰着することがある．例題 3.7 も一般には

$$D_n(x) = (1+x^2)D_{n-1}(x)-x^2D_{n-2}(x)$$

が成立する．ただし $D_1(x)=1+x^2$，$D_2(x) = 1+x^2+x^4$．ここから $D_n(x)$ を求めるには，数学的帰納法で示してもよいし，差分方程式の特殊な形に注目して

$$D_n(x)-D_{n-1}(x) = x^2(D_{n-1}(x)-D_{n-2}(x))$$

と変形して，高校で習った数列を思い出して，$D_n(x)$ を求めてもよい．

3-3 行列式の演算

前節で余因子展開をしたが，ここでは行列式の性質を利用して，行列式の計算を簡単に行なう方法を考える．

[性質 1] n 次正方行列 A とその転置行列 A^{T} の行列式は等しい．

[性質 2] 行列式のある行(列)の各成分を 2 つの数の和に分解して 2 つの行列式に分けるとき，もとの行列式の値は 2 つに分けられた行列式の値の和に等しい．

$$\begin{vmatrix} a_{11} & a_{12} & \cdots & a_{1n} \\ \cdots & \cdots & \cdots & \cdots \\ a_{i1}+a'_{i1} & a_{i2}+a'_{i2} & \cdots & a_{in}+a'_{in} \\ \cdots & \cdots & \cdots & \cdots \\ a_{n1} & a_{n2} & \cdots & a_{nn} \end{vmatrix}$$

$$= \begin{vmatrix} a_{11} & a_{12} & \cdots & a_{1n} \\ \cdots & \cdots & \cdots & \cdots \\ a_{i1} & a_{i2} & \cdots & a_{in} \\ \cdots & \cdots & \cdots & \cdots \\ a_{n1} & a_{n2} & \cdots & a_{nn} \end{vmatrix} + \begin{vmatrix} a_{11} & a_{12} & \cdots & a_{1n} \\ \cdots & \cdots & \cdots & \cdots \\ a'_{i1} & a'_{i2} & \cdots & a'_{in} \\ \cdots & \cdots & \cdots & \cdots \\ a_{n1} & a_{n2} & \cdots & a_{nn} \end{vmatrix} \tag{3.18}$$

[性質 3] 行列式のある行(列)の各成分を λ 倍すれば，行列式も λ 倍される．

[性質 4] 2 つの列(行)を入れかえると，行列式の符号が変わる．

[性質 5] 行列式の 2 つの行(列)が等しいと，その行列式の値は零である．

定理 n 次正方行列 A, B について

$$|AB| = |A||B| \tag{3.19}$$

が成立している．

例題 3.8　次の行列式の値を求めよ．

$$\begin{vmatrix} a_{11} & a_{12} & a_{11} \\ a_{21} & a_{22} & a_{21} \\ a_{31} & a_{32} & a_{31} \end{vmatrix}$$

［解］　この行列式を $|A|$ とおく．1列目と3列目を入れかえると行列式は符号だけが変わる．したがって，$|A|=-|A|$．ゆえに　$|A|=0$.

例題 3.9

$$\begin{vmatrix} a_{11} & a_{12} & a_{13} \\ a_{21} & a_{22} & a_{23} \\ a_{31} & a_{32} & a_{33} \end{vmatrix} = \begin{vmatrix} a_{11} & a_{12}+\lambda a_{11} & a_{13} \\ a_{21} & a_{22}+\lambda a_{21} & a_{23} \\ a_{31} & a_{32}+\lambda a_{31} & a_{33} \end{vmatrix}$$

すなわち，1列目を λ 倍して2列目に加えてできる行列式の値は元の行列式と同じ，であることを確かめよ．

［解］
$$\begin{vmatrix} a_{11} & a_{12}+\lambda a_{11} & a_{13} \\ a_{21} & a_{22}+\lambda a_{21} & a_{23} \\ a_{31} & a_{32}+\lambda a_{31} & a_{33} \end{vmatrix} = \begin{vmatrix} a_{11} & a_{12} & a_{13} \\ a_{21} & a_{22} & a_{23} \\ a_{31} & a_{32} & a_{33} \end{vmatrix} + \begin{vmatrix} a_{11} & \lambda a_{11} & a_{13} \\ a_{21} & \lambda a_{21} & a_{23} \\ a_{31} & \lambda a_{31} & a_{33} \end{vmatrix}$$

$$= \begin{vmatrix} a_{11} & a_{12} & a_{13} \\ a_{21} & a_{22} & a_{23} \\ a_{31} & a_{32} & a_{33} \end{vmatrix} + \lambda \begin{vmatrix} a_{11} & a_{11} & a_{13} \\ a_{21} & a_{21} & a_{23} \\ a_{31} & a_{31} & a_{33} \end{vmatrix} = \begin{vmatrix} a_{11} & a_{12} & a_{13} \\ a_{21} & a_{22} & a_{23} \\ a_{31} & a_{32} & a_{33} \end{vmatrix}$$

ここで，前ページの[性質 2]，[性質 3]，[性質 5]を順次使った．

TIPS：　便利な記号

上の例題のように行列式の変形を言葉を使って説明するのは丁寧であるが，ダラダラしてくる．そこで行列式の値を求める場合は，次のような記号を使うことがある．記号はうまく使えば大変便利である．

$$\begin{vmatrix} a_{11} \xrightarrow{\lambda} & a_{12} & a_{13} \\ a_{21} & a_{22} & a_{23} \\ a_{31} & a_{32} & a_{33} \end{vmatrix} = \begin{vmatrix} a_{11} & a_{12}+\lambda a_{11} & a_{13} \\ a_{21} & a_{22}+\lambda a_{21} & a_{23} \\ a_{31} & a_{32}+\lambda a_{31} & a_{33} \end{vmatrix}$$

例題 3.10 次の行列式の値を求めよ.

(i) $\begin{vmatrix} 8 & 3 & 4 & 5 \\ 1 & 3 & -2 & -1 \\ 1 & -1 & 2 & 4 \\ 2 & 2 & 4 & -1 \end{vmatrix}$ (ii) $\begin{vmatrix} 1 & a & b+c \\ 1 & b & c+a \\ 1 & c & a+b \end{vmatrix}$ (iii) $\begin{vmatrix} 23 & 24 & 25 \\ 26 & 27 & 28 \\ 29 & 30 & 31 \end{vmatrix}$

［解］ (i) ここで操作を簡単に記すための記法について説明しておく.

(第 3 列) + (第 1 列) × (−1)

と書いてあれば,「第 1 列を (−1) 倍して, それを第 3 列に加えよ」を意味する.

$$\text{与式}\begin{pmatrix}\text{第 3 列から}\\ \text{2 をくくり}\\ \text{だして}\end{pmatrix} = 2\begin{vmatrix} 8 & 3 & 2 & 5 \\ 1 & 3 & -1 & -1 \\ 1 & -1 & 1 & 4 \\ 2 & 2 & 2 & -1 \end{vmatrix}\begin{pmatrix}\text{(第 2 列)} + \text{(第 1 列)}\\ \text{(第 3 列)} + \text{(第 1 列)} \times (-1)\\ \text{(第 4 列)} + \text{(第 1 列)} \times (-4)\end{pmatrix}$$

$$= 2\begin{vmatrix} 8 & 11 & -6 & -27 \\ 1 & 4 & -2 & -5 \\ 1 & 0 & 0 & 0 \\ 2 & 4 & 0 & -9 \end{vmatrix}\begin{pmatrix}\text{第 3 行目で}\\ \text{余因子展開}\end{pmatrix} = 2\begin{vmatrix} 11 & -6 & -27 \\ 4 & -2 & -5 \\ 4 & 0 & -9 \end{vmatrix}\begin{pmatrix}\text{(第 1 行)} +\\ \text{(第 2 行)} \times (-3)\end{pmatrix}$$

$$= 2\begin{vmatrix} -1 & 0 & -12 \\ 4 & -2 & -5 \\ 4 & 0 & -9 \end{vmatrix} = 2(-18-96) = -228$$

(ii) $$\text{与式}\begin{pmatrix}\text{(第 1 列) と (第 2 列) を}\\ \text{(第 3 列) に加える}\end{pmatrix} = \begin{vmatrix} 1 & a & 1+a+b+c \\ 1 & b & 1+a+b+c \\ 1 & c & 1+a+b+c \end{vmatrix} = (1+a+b+c)\begin{vmatrix} 1 & a & 1 \\ 1 & b & 1 \\ 1 & c & 1 \end{vmatrix} = 0$$

(iii) $$\text{与式}\begin{pmatrix}\text{(第 2 列)} + \text{(第}\\ \text{1 列)} \times (-1)\end{pmatrix} = \begin{vmatrix} 23 & 1 & 25 \\ 26 & 1 & 28 \\ 29 & 1 & 31 \end{vmatrix}\begin{pmatrix}\text{(第 3 列)} + \text{(第}\\ \text{1 列)} \times (-1)\end{pmatrix}$$

$$= \begin{vmatrix} 23 & 1 & 2 \\ 26 & 1 & 2 \\ 29 & 1 & 2 \end{vmatrix}\begin{pmatrix}\text{第 3 列から 2}\\ \text{をくくり出す}\end{pmatrix} = 2\begin{vmatrix} 23 & 1 & 1 \\ 26 & 1 & 1 \\ 29 & 1 & 1 \end{vmatrix}\text{([性質 5] を使う)}$$

$$= 0$$

例題 3.11 $A=\begin{pmatrix} a & -b \\ b & a \end{pmatrix}$, $B=\begin{pmatrix} c & -d \\ d & c \end{pmatrix}$

の行列式を利用して，a^2+b^2 と c^2+d^2 の積は x^2+y^2 の形であることを示せ.

［解］ $|A|=\begin{vmatrix} a & -b \\ b & a \end{vmatrix}=a^2+b^2$ だから

$$(a^2+b^2)(c^2+d^2)=\begin{vmatrix} a & -b \\ b & a \end{vmatrix}\begin{vmatrix} c & -d \\ d & c \end{vmatrix}=\begin{vmatrix} ac-bd & -(ad+bc) \\ ad+bc & ac-bd \end{vmatrix}$$
$$=(ac-bd)^2+(ad+bc)^2$$

したがって，$x=ac-bd$, $y=ad+bc$ とおけばよい.

例題 3.12 B を n 次正方行列，C を m 次正方行列とすると

$$|A|=\begin{vmatrix} B & O \\ D & C \end{vmatrix}=|B||C| \qquad (D: m\times n \text{ 行列})$$

が成立することを証明せよ.

［解］ n に関する帰納法によって示す.

$n=1$ のときは，これは第1行における余因子展開を示しているから正しい. B が $n-1$ 次の正方行列のとき，正しいとする. $B=(b_{ij})$ が n 次のとき，第1行で展開して

$$|A|=b_{11}\tilde{A}_{11}+b_{12}\tilde{A}_{12}+\cdots+b_{1n}\tilde{A}_{1n}$$

ここで $\tilde{A}_{1j}$ は b_{1j} の余因子で，$\tilde{A}_{1j}=(-1)^{1+j}|\bar{A}_{1j}|$. 帰納法の仮定より，$|\bar{A}_{1j}|=|\bar{B}_{1j}||C|$.
これを $\tilde{A}_{1j}$ に代入して

$$|A|=\{b_{11}(-1)^{1+1}|\bar{B}_{11}|+\cdots+b_{1n}(-1)^{1+n}|\bar{B}_{1n}|\}|C|=|B||C|$$

行列の分割を利用して，行列式を求めることもできる.

TIPS： 考える範囲を広げる

例題 3.11 は複素数の範囲までひろげれば

$$(a^2+b^2)(c^2+d^2)=(a+bi)(a-bi)(c+di)(c-di)$$
$$=(a+bi)(c+di)(a-bi)(c-di)$$
$$=\{(ac-bd)+(ad+bc)i\}\{(ac-bd)-(ad+bc)i\}$$
$$=(ac-bd)^2+(ad+bc)^2$$

となる. 考える範囲をひろげることにより問題の見通しがよくなることがある.

問題 3-3

[1] 次の行列式の値を計算せよ．

(1) $\begin{vmatrix} 1 & -1 & 2 & 2 \\ 2 & -3 & -1 & 7 \\ -1 & 1 & -3 & 1 \\ 3 & 0 & 6 & 10 \end{vmatrix}$ (2) $\begin{vmatrix} 1 & 0 & 0 & x \\ 1 & 0 & x & 1 \\ 1 & x & 1 & 0 \\ 1 & 1 & 0 & 0 \end{vmatrix}$

[2] $A=\begin{pmatrix} 0 & c & b \\ c & 0 & a \\ b & a & 0 \end{pmatrix}$とおき，$A^2$を計算して$\begin{vmatrix} b^2+c^2 & ab & ca \\ ab & c^2+a^2 & bc \\ ca & bc & a^2+b^2 \end{vmatrix}$を求めよ．

[3] A, Bをn次正方行列とするとき

$$\begin{vmatrix} A & B \\ B & A \end{vmatrix} = |A+B||A-B|$$

を示せ．とくに，A, Bが可換ならば

$$\begin{vmatrix} A & B \\ B & A \end{vmatrix} = |A^2-B^2|$$

が成り立つ．

[4] 次のn次行列式の値を求めよ．

$$\begin{vmatrix} a+b & a & \cdots & a \\ a & a+b & \cdots & a \\ \cdots & \cdots & \cdots & \cdots \\ a & a & \cdots & a+b \end{vmatrix}$$

[5] 次の等式を示せ(**バンデルモンドの行列式**)．

$$\begin{vmatrix} 1 & 1 & \cdots & 1 \\ x_1 & x_2 & \cdots & x_n \\ x_1^2 & x_2^2 & \cdots & x_n^2 \\ \cdots & \cdots & \cdots & \cdots \\ x_1^{n-1} & x_2^{n-1} & \cdots & x_n^{n-1} \end{vmatrix} = (-1)^{\frac{n(n-1)}{2}} \prod_{i<j} (x_i - x_j)$$

3–4　行列式の幾何学的応用

面積　　平面上の 3 点 (a_1, b_1)，(a_2, b_2)，(a_3, b_3) を頂点とする 3 角形の面積は，行列式

$$\frac{1}{2}\begin{vmatrix} 1 & 1 & 1 \\ a_1 & a_2 & a_3 \\ b_1 & b_2 & b_3 \end{vmatrix}$$

の絶対値である．

ベクトル $\boldsymbol{a}_1=(a_{11}, a_{12})$，$\boldsymbol{a}_2=(a_{21}, a_{22})$ を 2 辺とする**平行 4 辺形の面積**は，行列式

$$\begin{vmatrix} a_{11} & a_{12} \\ a_{21} & a_{22} \end{vmatrix}$$

の絶対値である．

体積　　空間の 4 点 $P_1=(a_1, b_1, c_1)$，$P_2=(a_2, b_2, c_2)$，$P_3=(a_3, b_3, c_3)$，$P_4=(a_4, b_4, c_4)$ を頂点とする 4 面体の体積は，行列式

$$\frac{1}{6}\begin{vmatrix} 1 & 1 & 1 & 1 \\ a_1 & a_2 & a_3 & a_4 \\ b_1 & b_2 & b_3 & b_4 \\ c_1 & c_2 & c_3 & c_4 \end{vmatrix}$$

の絶対値である．

ベクトル $\boldsymbol{a}_1, \boldsymbol{a}_2, \boldsymbol{a}_3$ を 3 辺とする**平行 6 面体の体積**は，行列式

$$\begin{vmatrix} a_{11} & a_{12} & a_{13} \\ a_{21} & a_{22} & a_{23} \\ a_{31} & a_{32} & a_{33} \end{vmatrix}$$

の絶対値である．

1 次独立性の判定　　一般に n 個のベクトル $\boldsymbol{a}_1=(a_{11}, a_{12}, \cdots, a_{1n})$，$\boldsymbol{a}_2=(a_{21}, a_{22}, \cdots, a_{2n})$，$\cdots$，$\boldsymbol{a}_n=(a_{n1}, a_{n2}, \cdots, a_{nn})$ に対して

$$\begin{vmatrix} a_{11} & a_{12} & \cdots & a_{1n} \\ a_{21} & a_{22} & \cdots & a_{2n} \\ \cdots & \cdots & \cdots & \cdots \\ a_{n1} & a_{n2} & \cdots & a_{nn} \end{vmatrix} = 0$$

ならば $\boldsymbol{a}_1, \boldsymbol{a}_2, \cdots, \boldsymbol{a}_n$ は1次従属で,

$$\begin{vmatrix} a_{11} & a_{12} & \cdots & a_{1n} \\ a_{21} & a_{22} & \cdots & a_{2n} \\ \cdots & \cdots & \cdots & \cdots \\ a_{n1} & a_{n2} & \cdots & a_{nn} \end{vmatrix} \neq 0$$

ならば1次独立である.

例題 3.13　原点 O=(0, 0) と点 $P_1(x_1, y_1)$ を通る直線の方程式を行列式で表わせ.

［解］　直線上の任意の点を $P(x, y)$ とすると $\overrightarrow{OP}$ は $\overrightarrow{OP_1}$ のスカラー倍であるから

$$x = rx_1, \quad y = ry_1$$

これから r を消去すれば，求める直線の方程式

$$\begin{vmatrix} x & x_1 \\ y & y_1 \end{vmatrix} = 0$$

を得る.

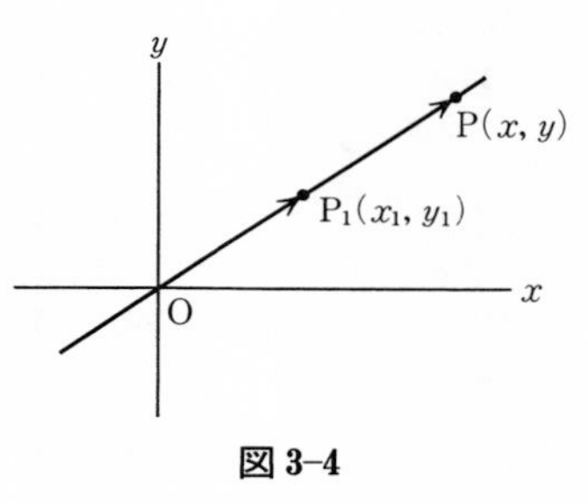

図 3–4

左辺の行列式は 2 つのベクトル $\overrightarrow{OP}$ と $\overrightarrow{OP_1}$ とを 2 辺とする平行四辺形の面積を表わすから，これが 0 であることは $\overrightarrow{OP}$ と $\overrightarrow{OP_1}$ が同一直線上にあることを意味する．すなわち，$\overrightarrow{OP}$ と $\overrightarrow{OP_1}$ は 1 次従属である.

例題 3.14　$\boldsymbol{a}, \boldsymbol{b}, \boldsymbol{c}$ が 1 次独立のとき，

(i)　$\boldsymbol{a}+\boldsymbol{b}, \boldsymbol{a}-\boldsymbol{b}, \boldsymbol{b}+\boldsymbol{c}$ は 1 次独立であることを示せ.

(ii)　$k\boldsymbol{a}+\boldsymbol{b}+\boldsymbol{c},\ \boldsymbol{a}+k\boldsymbol{b}+\boldsymbol{c},\ \boldsymbol{a}+\boldsymbol{b}+k\boldsymbol{c}$ が 1 次従属であるように k を求めよ.

［解］　(i)　$\alpha(\boldsymbol{a}+\boldsymbol{b})+\beta(\boldsymbol{a}-\boldsymbol{b})+\gamma(\boldsymbol{b}+\boldsymbol{c})=\boldsymbol{0}$

より

$$(\alpha+\beta)\boldsymbol{a}+(\alpha-\beta+\gamma)\boldsymbol{b}+\gamma\boldsymbol{c}=\boldsymbol{0}$$

$\boldsymbol{a}, \boldsymbol{b}, \boldsymbol{c}$ は 1 次独立であるから，

$$\begin{cases} \alpha+\beta \qquad = 0 \\ \alpha-\beta+\gamma = 0 \\ \qquad\quad \gamma = 0 \end{cases}$$

これより，$\alpha=\beta=\gamma=0$．したがって，1 次独立である.

(ii)　$\alpha(k\boldsymbol{a}+\boldsymbol{b}+\boldsymbol{c})+\beta(\boldsymbol{a}+k\boldsymbol{b}+\boldsymbol{c})+\gamma(\boldsymbol{a}+\boldsymbol{b}+k\boldsymbol{c}) = \boldsymbol{0}$

より

$$\begin{cases} k\alpha+\ \beta+\ \gamma = 0 \\ \alpha+k\beta+\ \gamma = 0 \\ \alpha+\ \beta+k\gamma = 0 \end{cases}$$

1 次従属だから，α, β, γ はゼロ以外の解をもつので，

$$\begin{vmatrix} k & 1 & 1 \\ 1 & k & 1 \\ 1 & 1 & k \end{vmatrix} = 0$$

すなわち，$k^3-3k+2=0$．これから $(k-1)^2(k+2)=0$．したがって，$k=1$ または $k=-2$．

TIPS： 3次方程式の根の公式

3次行列式の問題では，3次方程式がよく出てくる．例題3.14では $k^3-3k+2=(k-1)^2(k+2)$ と因数分解できるので，$k^3-3k+2=0$ の根は簡単にわかる．しかし一般には，$x^3+ax+b=0$ の根を求めることはむずかしい．2次方程式の根の公式は高校でならったが，3次方程式に関してはあまりやらない．

1545年にカルダノは根の公式を見つけている．

$$u=\sqrt[3]{-\frac{b}{2}+\sqrt{\frac{b^2}{4}+\frac{a^3}{27}}},\quad v=\sqrt[3]{-\frac{b}{2}-\sqrt{\frac{b^2}{4}+\frac{a^3}{27}}},\quad \omega=\frac{-1+\sqrt{-3}}{2}$$

とおけば3つの根は

$$x_1 = u+v$$
$$x_2 = u\omega+v\omega^2$$
$$x_3 = u\omega^2+v\omega$$

で与えられる．

問　題 3-4

［1］ $\boldsymbol{a}=\begin{pmatrix} k \\ -1 \\ -5 \end{pmatrix}$が，$\boldsymbol{b}=\begin{pmatrix} 2 \\ 1 \\ -1 \end{pmatrix}$，$\boldsymbol{c}=\begin{pmatrix} 5 \\ 2 \\ 1 \end{pmatrix}$の1次結合で表わせるように k の値を定め，$\boldsymbol{b}, \boldsymbol{c}$ の1次結合で表わせ．

［2］ 平面において，2点 (x_1, y_1)，(x_2, y_2) を通る直線の方程式は次式であたえられることを示せ．

$$\begin{vmatrix} x & y & 1 \\ x_1 & y_1 & 1 \\ x_2 & y_2 & 1 \end{vmatrix} = 0$$

［3］ 直線上にない3点 $\mathrm{P}_i(x_i, y_i, z_i)$ $(i=1, 2, 3)$ を通る平面 π の方程式を求めよ．

［4］ $\boldsymbol{e}_1, \boldsymbol{e}_2$ が1次独立で

$$\begin{cases} \boldsymbol{a}_1 = a_{11}\boldsymbol{e}_1 + a_{12}\boldsymbol{e}_2 \\ \boldsymbol{a}_2 = a_{21}\boldsymbol{e}_1 + a_{22}\boldsymbol{e}_2 \end{cases}$$

$$\begin{vmatrix} a_{11} & a_{12} \\ a_{21} & a_{22} \end{vmatrix} \neq 0$$

ならば，$\boldsymbol{a}_1, \boldsymbol{a}_2$ も1次独立であることを示せ．

［5］ $\boldsymbol{b}, \boldsymbol{c}$ が1次独立で，$\alpha\boldsymbol{a}+\beta\boldsymbol{b}+\gamma\boldsymbol{c}=\boldsymbol{0}$，$\alpha\gamma\neq 0$ ならば，$\boldsymbol{a}, \boldsymbol{b}$ も1次独立であることを示せ．

Permanent

行列式(determinant)の定義では符号が大切な役割をしたが，ビネット(Binet)とコーシー(Cauchy)は1812年ごろ別々に，符号を取り除いて加えたPermanentを導入した.

たとえば$n=2$のときは

$$\mathrm{Per}\begin{pmatrix} a & b \\ c & d \end{pmatrix} = ad+bc$$

で，一般には

$$\mathrm{Per}\begin{pmatrix} a_{11} & a_{12} & \cdots & a_{1n} \\ a_{21} & a_{22} & \cdots & a_{2n} \\ \cdots & \cdots & \cdots & \cdots \\ a_{n1} & a_{n2} & \cdots & a_{nn} \end{pmatrix} = \sum a_{1p_1} a_{2p_2} \cdots a_{np_n}$$

と定義される.

行列式と同様にいろいろな問題が考えられるが，有名なものにファン・デア・ヴェルデン(Van der Waerden)の予想(1926年)がある.

Ω_nを，各成分が非負で，各行，各列の和が1であるn次行列全体の集合とする．このときΩ_nの元Sに対して

$$\mathrm{Per}\, S \geqq \frac{n!}{n^n}$$

が成立して，等号はすべての成分が$\dfrac{1}{n}$の行列でのみ成立する.

この予想はエゴリチェフ(Egoryĉev) (1980)とファリクマン(Falikman) (1981)によって独立に解かれた.

逆行列

この章では逆行列を定義し，逆行列をもつ行列（正則行列）の性質を扱い，連立１次方程式の係数行列が正則行列であるときに成立する解の公式（クラメルの公式）に関する問題を取り上げる．

4-1 逆行列

与えられた n 次正方行列 A に対し

$$AX = E_n \qquad (E_n \text{ は } n \text{ 次の単位行列}) \tag{4.1}$$

となる n 次正方行列 X を A の**逆行列**といい，$X=A^{-1}$ と書く．

逆行列が存在するとすれば，(4.1)式の両辺の行列式を作ると，行列式の性質(3-3 節)を使って $|A||X|=1$ となるから，$|A|\neq 0$ である．これは A が逆行列をもつ必要条件である．逆に $|A|\neq 0$ とする．A を行について余因子展開したときの余因子行列(3-2 節)を $\tilde{A}$ とすると

$$A\tilde{A} = |A|E_n$$

が証明できる(例題 4.3)．これから，逆行列 A^{-1} $(=X)$ は

$$A^{-1} = \frac{1}{|A|}\tilde{A} \tag{4.2}$$

で与えられる．したがって，$|A|\neq 0$ は A が逆行列をもつための十分条件でもある．行列 A が逆行列をもつとき，A を**正則行列**という．

余因子展開を列について行なうことにより，同様に

$$\tilde{A}A = |A|E_n$$

が証明できる．したがって，A が正則であるとき

$$A^{-1}A = E_n \tag{4.3}$$

も成立する．

逆行列を計算するには(4.2)を使ってもよいが，$\tilde{A}$ を計算するにはかなり労力が必要である．他の実用的な方法については，4-3 節で述べる．

A, B が n 次正方行列で，A が正則行列のとき，$AB=0$ ならば $B=0$ となることに注意しよう．

例題 4.1 次の行列 A の逆行列を求めよ．

(i) $\begin{pmatrix} 1 & 0 \\ 1 & -1 \end{pmatrix}$ (ii) $\begin{pmatrix} 2 & -1 \\ 4 & 2 \end{pmatrix}$

(iii) $\begin{pmatrix} 0 & -1 & 0 \\ 1 & 0 & 0 \\ 0 & 0 & -1 \end{pmatrix}$ (iv) $\begin{pmatrix} 1 & 1 & 0 \\ 0 & 2 & 0 \\ 1 & 0 & 2 \end{pmatrix}$

［解］ (i) 余因子行列の転置，行列式はそれぞれ

$$\tilde{A} = \begin{pmatrix} -1 & 0 \\ -1 & 1 \end{pmatrix}, \quad |A| = -1$$

であるから

$$A^{-1} = \frac{1}{-1}\begin{pmatrix} -1 & 0 \\ -1 & 1 \end{pmatrix} = \begin{pmatrix} 1 & 0 \\ 1 & -1 \end{pmatrix}$$

(ii) $\tilde{A} = \begin{pmatrix} 2 & 1 \\ -4 & 2 \end{pmatrix}, \quad |A| = 8$

であるから

$$A^{-1} = \frac{1}{8}\begin{pmatrix} 2 & 1 \\ -4 & 2 \end{pmatrix} = \begin{pmatrix} \frac{1}{4} & \frac{1}{8} \\ -\frac{1}{2} & \frac{1}{4} \end{pmatrix}$$

(iii) $\tilde{A} = \begin{pmatrix} 0 & -1 & 0 \\ 1 & 0 & 0 \\ 0 & 0 & 1 \end{pmatrix}, \quad |A| = -1$

であるから

$$A^{-1} = \begin{pmatrix} 0 & 1 & 0 \\ -1 & 0 & 0 \\ 0 & 0 & -1 \end{pmatrix}$$

(iv) $\tilde{A} = \begin{pmatrix} 4 & -2 & 0 \\ 0 & 2 & 0 \\ -2 & 1 & 2 \end{pmatrix}, \quad |A| = 4$

であるから

$$A^{-1} = \frac{1}{4}\begin{pmatrix} 4 & -2 & 0 \\ 0 & 2 & 0 \\ -2 & 1 & 2 \end{pmatrix} = \begin{pmatrix} 1 & -\frac{1}{2} & 0 \\ 0 & \frac{1}{2} & 0 \\ -\frac{1}{2} & \frac{1}{4} & \frac{1}{2} \end{pmatrix}$$

例題 4.2 2次正則行列の逆行列の成分を求めよ.

［解］ 2次正則行列Aを

$$A=\begin{pmatrix} a & b \\ c & d \end{pmatrix} \qquad (|A|=ad-bc\neq 0)$$

と表わすと,

$$A^{-1}=\frac{1}{|A|}\tilde{A}=\frac{1}{|A|}\begin{pmatrix} d & -b \\ -c & a \end{pmatrix}$$
$$=\begin{pmatrix} \dfrac{d}{|A|} & -\dfrac{b}{|A|} \\ -\dfrac{c}{|A|} & \dfrac{a}{|A|} \end{pmatrix}$$

例題 4.3 Aを正則なn次行列, Xをn次行列とするとき, 方程式

$$AX=E_n$$

の解は$X=\tilde{A}/|A|$となることを証明せよ. これは(4.2)式の証明である.

［解］ 行列式$|A|$の余因子展開((3.16)式)は

$$|A|=a_{j1}\tilde{A}_{j1}+a_{j2}\tilde{A}_{j2}+\cdots+a_{jn}\tilde{A}_{jn}$$

Aのj行をk行で置きかえると行列式は0となるから,

$$0=a_{k1}\tilde{A}_{j1}+a_{k2}\tilde{A}_{j2}+\cdots+a_{kn}\tilde{A}_{jn}$$

上の2つの式はクロネッカーの記号δ_{jk}を使うと

$$a_{j1}\tilde{A}_{k1}+a_{j2}\tilde{A}_{k2}+\cdots+a_{jn}\tilde{A}_{kn}=|A|\delta_{jk}$$

とまとめられる. この式を(j,k)成分とする行列は

$$A\tilde{A}=|A|E_n$$

となり, (4.2)式が得られる.

問　題 4-1

［1］ 次の行列に逆行列があれば，それを求めよ．

(1) $\begin{pmatrix} 1 & 1 \\ 0 & 1 \end{pmatrix}$　　(2) $\begin{pmatrix} 1 & 2 \\ 3 & 4 \end{pmatrix}$

(3) $\begin{pmatrix} 1 & 0 & 0 \\ 0 & 1 & 0 \\ 0 & 0 & 1 \end{pmatrix}$　　(4) $\begin{pmatrix} 1 & 0 & 0 \\ 0 & 0 & 1 \\ 0 & 1 & 0 \end{pmatrix}$　　(5) $\begin{pmatrix} 6 & 2 & 2 \\ 1 & 1 & 1 \\ 3 & 1 & 1 \end{pmatrix}$

［2］ 3 次の 3 角行列

$$A = \begin{pmatrix} a_{11} & 0 & 0 \\ a_{21} & a_{22} & 0 \\ a_{31} & a_{32} & a_{33} \end{pmatrix}$$

が正則である条件，およびそのときの逆行列 A^{-1} を求めよ．

［3］ 行列 A が正則ならば，A^{-1} も正則で，$(A^{-1})^{-1}=A$ であることを示せ．

［4］ 正則行列 A が，$A^2=A$ をみたすときは $A=E$ であることを示せ．

［5］ A, B が同じ次数の正則行列であるとき，AB も正則で

$$(AB)^{-1} = B^{-1}A^{-1}$$

であることを示せ．

［6］ 行列 A が $A^2=O$ をみたすとき，次の式を証明せよ．

(1) $|E+A| \neq 0$

(2) $(E+A)^{-1} = E-A$

［7］ A を l 次正則行列，B を m 次正則行列，C を $l\times m$ 行列とするとき，$(l+m)$ 次正方行列

$$P = \begin{pmatrix} A & C \\ O & B \end{pmatrix}$$

は正則で，

$$P^{-1} = \begin{pmatrix} A^{-1} & -A^{-1}CB^{-1} \\ O & B^{-1} \end{pmatrix}$$

であることを示せ．

［8］ 次の行列の逆行列を求めよ．ただし，$\Delta = \begin{vmatrix} a_{11} & a_{12} \\ a_{21} & a_{22} \end{vmatrix} \neq 0$, $a_{33} \neq 0$ とする．

(1) $\begin{pmatrix} a_{11} & a_{12} & a_{13} \\ a_{21} & a_{22} & a_{23} \\ 0 & 0 & a_{33} \end{pmatrix}$　　(2) $\begin{pmatrix} 2 & 1 & 1 & 0 \\ 1 & 0 & 0 & 1 \\ 0 & 0 & 2 & -1 \\ 0 & 0 & 1 & 1 \end{pmatrix}$　　(3) $\begin{pmatrix} 1 & 0 & 1 & 1 \\ 3 & 1 & 1 & 1 \\ 0 & 0 & 1 & -1 \\ 0 & 0 & 1 & 1 \end{pmatrix}$

この世は何次元？

ベクトルの次元とは，大まかにいうと，独立に変化させられる成分の個数のことである．平面は2次元，空間は3次元などというときもおおよそこの意味である．

それでは，人間は何次元なのだろうか．身分証明書には氏名，住所，所属，年齢などが入っている．これらのデータは独立に変えられるので，これだけで「人間空間」を考えると4次元以上はあることになる．この4つのデータが同じでも異なる人である可能性もあるから，1人1人の人間が「人間空間」の1点に対応するためにはさらに次元が必要である．1人1人の個性のちがいを認めると実は無限個の独立な変量があって，人間は無限次元空間の生き物ということになりそうである．人間が生きている物理的空間は時間を入れても4次元であるが，その中にもっと高い次元の世界が“埋め込まれ”ているのである．

4–2　正則行列の性質

正整数 l に対し，A の l 個の積を A^l と書く．A が正則であれば，A^{-l} を $A^{-l}=(A^{-1})^l$ で定義する．A が正則であれば，A^l も正則である．

正整数 l,m に対し，(n 次の)正方行列について指数法則

$$A^lA^m = A^{l+m}, \qquad (A^l)^m = A^{lm} \tag{4.4}$$

が成立する．とくに，A が正則であれば，正または負の整数 l,m に対し(4.4)が成立する．ここで

$$A^0 = E_n$$

と考える．

正則行列 A の転置行列 A^{T} について

$$(A^{\mathrm{T}})^{-1} = (A^{-1})^{\mathrm{T}} \tag{4.5}$$

が成立する．また，A が対称行列 $A=A^{\mathrm{T}}$ なら A^{-1} も対称であり，A が正則な交代行列なら A^{-1} も交代行列である．

$$\begin{aligned} A &= A^{\mathrm{T}} \quad \text{なら} \quad A^{-1} = (A^{-1})^{\mathrm{T}} \\ A &= -A^{\mathrm{T}} \quad \text{なら} \quad A^{-1} = -(A^{-1})^{\mathrm{T}} \end{aligned} \tag{4.6}$$

奇数次数の交代行列は正則でない(問題 4–2 [2]参照)．

B が正則であるとき

$$\begin{aligned} |B^{-1}AB| &= |A| \\ \mathrm{Tr}(AB) &= \mathrm{Tr}(BA) \end{aligned} \tag{4.7}$$

ここで $\mathrm{Tr}\,A$ は正方行列 A の対角成分の和を表わす．

A が直交行列 $A^{-1}=A^{\mathrm{T}}$ なら A^{-1} も直交行列である．

$$(A^{-1})^{-1} = (A^{-1})^{\mathrm{T}} \tag{4.8}$$

正則な行列による 1 次変換

$$\boldsymbol{x} \longrightarrow \boldsymbol{x}'=A\boldsymbol{x}$$

は次のような逆変換をもつ．

$$\boldsymbol{x}' \longrightarrow \boldsymbol{x}=A^{-1}\boldsymbol{x}'$$

例題 4.4 2次正方行列 A について

(i) $A^2 = O$ (ii) $A^2 = E_2$

をみたすものをそれぞれ求めよ．

［解］ (i) この問題は問題2-3[5]ですでにやっているので，ここでは別の方法で解く．$A=\begin{pmatrix} a & b \\ c & d \end{pmatrix}$ とおく．$A^2 = O$ より $|A|=0$．問題2-3[4]の結果を使うと

$$-(a+d)A = O$$

$A=O$ は自明な解．$A \neq O$ のとき $d=-a$ であり $|A|=-a^2-bc=0$ だから，$c \neq 0$ として，$b=-a^2/c$．$c=0$ なら $a=d=0$ で b は任意．この解は問題2-3[5]で求めたものと一致する．

(ii) $|A|=\pm 1$ で，$A=A^{-1}$ となるから，例題4.2の解より

$$a = \pm d, \quad b = \mp b, \quad c = \mp c, \quad d = \pm a \qquad (\text{複号同順})$$

これから

$$A = \pm E_2 \quad \text{または} \quad A = \begin{pmatrix} \pm 1 & b \\ 0 & \mp 1 \end{pmatrix} \quad \text{または} \quad A = \begin{pmatrix} a & \dfrac{1-a^2}{c} \\ c & -a \end{pmatrix}$$

が得られる(a, b, c は任意，ただし $c \neq 0$)．

例題 4.5 k を正整数，$A=\begin{pmatrix} a & b \\ 0 & c \end{pmatrix}$ $(ac \neq 0)$ とするとき

$$A^{-k} = \begin{pmatrix} a^{-k} & b_{-k} \\ 0 & c^{-k} \end{pmatrix} \qquad \left(b_{-k} = -b\sum_{j=1}^{k} a^{-k+j-1}c^{-j}\right)$$

を証明せよ．

［解］ A^k については問題2-3の[2]で計算しているので，その結果を使う．

$$A^{-1} = \begin{pmatrix} \dfrac{1}{a} & -\dfrac{b}{ac} \\ 0 & \dfrac{1}{c} \end{pmatrix}$$

であるから，問題2-3[2]の b_k において $a \to \dfrac{1}{a}$，$b \to -\dfrac{b}{ac}$，$c \to \dfrac{1}{c}$ と置きかえると，b_{-k} が得られる．

$$b_{-k} = -\frac{b}{ac}\sum_{j=1}^{k}(a^{-1})^{k-j}(c^{-1})^{j-1} = -b\sum_{j=1}^{k} a^{-k+j-1}c^{-j}$$

問　題 4–2

[1]　次の式を証明せよ.

(1)　$(A^{\mathrm{T}})^{-1}=(A^{-1})^{\mathrm{T}}$

(2)　$A=\pm A^{\mathrm{T}}$　なら　$A^{-1}=\pm(A^{-1})^{\mathrm{T}}$　(複号同順)

(3)　B が正則のとき　$|B^{-1}AB|=|A|$

(4)　B が正則のとき　$\mathrm{Tr}\,(B^{-1}AB)=\mathrm{Tr}\,A$

[2]　奇数次数の交代行列は正則でないことを示せ.

[3]　$A^n=0$ となる自然数 n が存在するとき A を**べき零行列**という. このとき A は正則でないが $E-A$ は正則であることを示し, $(E-A)^{-1}$ を A の多項式で表わせ.

[4]　n を正整数, $A=\begin{pmatrix}\cos\theta & -\sin\theta \\ \sin\theta & \cos\theta\end{pmatrix}$ とするとき A^{-n} の成分を求めよ.

[5]　三角行列が正則ならば, その逆行列も三角行列であることを示せ.

4-3 クラメルの公式

n 次元ベクトル $\boldsymbol{x}$ を未知数とする n 元連立1次方程式

$$A\boldsymbol{x} = \boldsymbol{c}$$

を考える．係数行列 A が正則であるとき $\boldsymbol{x}$ を A と $\boldsymbol{c}$ で具体的に与える公式がクラメルの公式である．A が正則ならば，A の逆行列 A^{-1} が存在するから，(4.2)式を使って

$$\boldsymbol{x} = A^{-1}\boldsymbol{c} = \frac{1}{|A|}\tilde{A}\boldsymbol{c} \tag{4.9}$$

とくに $\boldsymbol{x}$ の第 k 成分は(3.16)式を参考にすれば

$$\begin{aligned} x_k &= \frac{1}{|A|}(\tilde{A}_{1k}c_1+\tilde{A}_{2k}c_2+\cdots+\tilde{A}_{nk}c_n) \\ &= \frac{1}{|A|}\begin{vmatrix} a_{11} & \cdots & a_{1,k-1} & c_1 & a_{1,k+1} & \cdots & a_{1n} \\ a_{21} & \cdots & a_{2,k-1} & c_2 & a_{2,k+1} & \cdots & a_{2n} \\ \cdots & \cdots & \cdots & \cdots & \cdots & \cdots & \cdots \\ a_{n1} & \cdots & a_{n,k-1} & c_n & a_{n,k+1} & \cdots & a_{nn} \end{vmatrix} \end{aligned} \tag{4.10}$$

と書ける．また，A の第 j 列を $\boldsymbol{a}_j$ と書くと

$$x_k = \frac{1}{|A|}|\boldsymbol{a}_1, \boldsymbol{a}_2, \cdots, \boldsymbol{a}_{k-1}, \boldsymbol{c}, \boldsymbol{a}_{k+1}, \cdots, \boldsymbol{a}_n| \qquad (k=1, 2, \cdots, n) \tag{4.11}$$

とも書ける．(4.10)式を**クラメルの公式**という．A^{-1} を使っていないことに注意しよう．

とくに，$n=2$ のときは

$$x_1 = \frac{1}{|A|}|\boldsymbol{c}, \boldsymbol{a}_2|, \qquad x_2 = \frac{1}{|A|}|\boldsymbol{a}_1, \boldsymbol{c}| \tag{4.12}$$

$n=3$ のときは

$$x_1 = \frac{1}{|A|}|\boldsymbol{c}, \boldsymbol{a}_2, \boldsymbol{a}_3|, \qquad x_2 = \frac{1}{|A|}|\boldsymbol{a}_1, \boldsymbol{c}, \boldsymbol{a}_3|, \qquad x_3 = \frac{1}{|A|}|\boldsymbol{a}_1, \boldsymbol{a}_2, \boldsymbol{c}| \tag{4.13}$$

である．

例題 4.6 クラメルの公式を使って次の方程式を解け.

(i) $\begin{cases} 2x+y=0 \\ x-3y=1 \end{cases}$ (ii) $\begin{cases} ax+by=e \\ cx+dy=f \end{cases}$ $(ad-bc\neq 0)$

(iii) $\begin{cases} y-2z=1 \\ -x+2y=0 \\ 2x+z=-1 \end{cases}$ (iv) $\begin{cases} 2x+y+z=0 \\ x-z=1 \\ 2x+y-2z=0 \end{cases}$

(v) $\begin{cases} x-y-z=0 \\ 2x+y-z=0 \\ -x-y+z=1 \end{cases}$

(vi) $\begin{cases} x+y+z=1 \\ 3x+4y+8z=0 \\ 2x+2y+z=3 \end{cases}$ (vii) $\begin{cases} 3x+y+z+u=1 \\ x+y+2z+u=0 \\ z-3u=2 \\ 2z+u=1 \end{cases}$

［解］ 係数行列を A と置く.

(i) $|A| = \begin{vmatrix} 2 & 1 \\ 1 & -3 \end{vmatrix} = -7$

$$x = \frac{1}{-7}\begin{vmatrix} 0 & 1 \\ 1 & -3 \end{vmatrix} = \frac{1}{7}, \quad y = \frac{1}{-7}\begin{vmatrix} 2 & 0 \\ 1 & 1 \end{vmatrix} = -\frac{2}{7}$$

(ii) 同様に

$$|A| = \begin{vmatrix} a & b \\ c & d \end{vmatrix} = ad-bc$$

から

$$x = \frac{1}{|A|}\begin{vmatrix} e & b \\ f & d \end{vmatrix} = \frac{ed-bf}{ad-bc}, \quad y = \frac{1}{|A|}\begin{vmatrix} a & e \\ c & f \end{vmatrix} = \frac{af-ec}{ad-bc}$$

(iii) $|A| = \begin{vmatrix} 0 & 1 & -2 \\ -1 & 2 & 0 \\ 2 & 0 & 1 \end{vmatrix} = 9$

$$x = \frac{1}{9}\begin{vmatrix} 1 & 1 & -2 \\ 0 & 2 & 0 \\ -1 & 0 & 1 \end{vmatrix} = -\frac{2}{9}, \quad y = \frac{1}{9}\begin{vmatrix} 0 & 1 & -2 \\ -1 & 0 & 0 \\ 2 & -1 & 1 \end{vmatrix} = -\frac{1}{9}$$

$$z = \frac{1}{9}\begin{vmatrix} 0 & 1 & 1 \\ -1 & 2 & 0 \\ 2 & 0 & -1 \end{vmatrix} = -\frac{5}{9}$$

(iv) $|A| = \begin{vmatrix} 2 & 1 & 1 \\ 1 & 0 & -1 \\ 2 & 1 & -2 \end{vmatrix} = 3$

$$x = \frac{1}{3}\begin{vmatrix} 0 & 1 & 1 \\ 1 & 0 & -1 \\ 0 & 1 & -2 \end{vmatrix} = 1, \quad y = \frac{1}{3}\begin{vmatrix} 2 & 0 & 1 \\ 1 & 1 & -1 \\ 2 & 0 & -2 \end{vmatrix} = -2, \quad z = \frac{1}{3}\begin{vmatrix} 2 & 1 & 0 \\ 1 & 0 & 1 \\ 2 & 1 & 0 \end{vmatrix} = 0$$

(v) $|A| = \begin{vmatrix} 1 & -1 & -1 \\ 2 & 1 & -1 \\ -1 & -1 & 1 \end{vmatrix} = 2$

$$x = \frac{1}{2}\begin{vmatrix} 0 & -1 & -1 \\ 0 & 1 & -1 \\ 1 & -1 & 1 \end{vmatrix} = 1, \quad y = \frac{1}{2}\begin{vmatrix} 1 & 0 & -1 \\ 2 & 0 & -1 \\ -1 & 1 & 1 \end{vmatrix} = -\frac{1}{2}$$

$$z = \frac{1}{2}\begin{vmatrix} 1 & -1 & 0 \\ 2 & 1 & 0 \\ -1 & -1 & 1 \end{vmatrix} = \frac{3}{2}$$

(vi) $|A| = \begin{vmatrix} 1 & 1 & 1 \\ 3 & 4 & 8 \\ 2 & 2 & 1 \end{vmatrix} = -1$

$$x = \frac{1}{-1}\begin{vmatrix} 1 & 1 & 1 \\ 0 & 4 & 8 \\ 3 & 2 & 1 \end{vmatrix} = 0, \quad y = \frac{1}{-1}\begin{vmatrix} 1 & 1 & 1 \\ 3 & 0 & 8 \\ 2 & 3 & 1 \end{vmatrix} = 2, \quad z = \frac{1}{-1}\begin{vmatrix} 1 & 1 & 1 \\ 3 & 4 & 0 \\ 2 & 2 & 3 \end{vmatrix} = -1$$

(vii) $|A| = \begin{vmatrix} 3 & 1 & 1 & 1 \\ 1 & 1 & 2 & 1 \\ 0 & 0 & 1 & -3 \\ 0 & 0 & 2 & 1 \end{vmatrix} = 14$

$$x = \frac{1}{14}\begin{vmatrix} 1 & 1 & 1 & 1 \\ 0 & 1 & 2 & 1 \\ 2 & 0 & 1 & -3 \\ 1 & 0 & 2 & 1 \end{vmatrix} = \frac{6}{7}, \quad y = \frac{1}{14}\begin{vmatrix} 3 & 1 & 1 & 1 \\ 1 & 0 & 2 & 1 \\ 0 & 2 & 1 & -3 \\ 0 & 1 & 2 & 1 \end{vmatrix} = -\frac{13}{7}$$

$$z = \frac{1}{14}\begin{vmatrix} 3 & 1 & 1 & 1 \\ 1 & 1 & 0 & 1 \\ 0 & 0 & 2 & -3 \\ 0 & 0 & 1 & 1 \end{vmatrix} = \frac{5}{7}, \quad u = \frac{1}{14}\begin{vmatrix} 3 & 1 & 1 & 1 \\ 1 & 1 & 2 & 0 \\ 0 & 0 & 1 & 2 \\ 0 & 0 & 2 & 1 \end{vmatrix} = -\frac{3}{7}$$

例題 4.7 クラメルの公式を使って n 次正則行列 A の逆行列を求めよ.

［解］ (4.1)式において, X の第 j 列を $\boldsymbol{x}_j$, E の第 j 列を $\boldsymbol{e}_j$ と書くと, $\boldsymbol{x}_j=(x_{1j}, x_{2j}, \cdots, x_{nj})^{\mathrm{T}}$, $\boldsymbol{e}_j=(\delta_{1j}, \cdots, \delta_{ij}, \cdots, \delta_{nj})^{\mathrm{T}}$ (δ_{ij} はクロネッカー記号) であり, (4.1)式は, n 個の1次方程式

$$A\boldsymbol{x}_j = \boldsymbol{e}_j \qquad (j=1, 2, \cdots, n) \tag{1}$$

と同等である. (4.11)式によって, 各 j について $\boldsymbol{x}_j$ の k 成分 x_{kj} を計算すれば $X=\{x_{kj}\}$ は A の逆行列となる.

$$x_{kj} = \frac{1}{|A|}|\boldsymbol{a}_1, \boldsymbol{a}_2, \cdots, \boldsymbol{a}_{k-1}, \boldsymbol{e}_j, \boldsymbol{a}_{k+1}, \cdots, \boldsymbol{a}_n| \qquad (k, j=1, 2, \cdots, n) \tag{2}$$

問 題 4–3

[1] クラメルの公式を使って次の方程式を解け.

(1) $\begin{cases} x+3y+2z=1 \\ x+2y+4z=0 \\ x+y+3z=-1 \end{cases}$　(2) $\begin{cases} 2x+2y+z=0 \\ x-y+2z=1 \\ 2x+3y+5z=-1 \end{cases}$

(3) $\begin{cases} x+y+z=1 \\ ax+by+cz=d \\ a^2x+b^2y+c^2z=d^2 \end{cases}$　(a, b, c は異なる定数)

[2] クラメルの公式を使って次の行列の逆行列を求めよ.

(1) $\begin{pmatrix} 3 & 2 \\ 1 & -1 \end{pmatrix}$　(2) $\begin{pmatrix} 0 & a & b \\ a & 0 & c \\ b & c & 0 \end{pmatrix}$　($abc \neq 0$)

(3) $\begin{pmatrix} 1 & 1 & -1 \\ 1 & -1 & 1 \\ -1 & 1 & 1 \end{pmatrix}$

[3] クラメルの公式を使って次の行列の逆行列の成分を求めよ.

(1) $\begin{pmatrix} a & b \\ c & d \end{pmatrix}$　($ad-bc \neq 0$)

(2) $\begin{pmatrix} a & b & c \\ 0 & d & e \\ 0 & 0 & f \end{pmatrix}$　($adf \neq 0$)

[4] 3次正則行列 $A=\{\boldsymbol{a}_1, \boldsymbol{a}_2, \boldsymbol{a}_3\}$ の逆行列 A^{-1} をクラメルの公式によって表わせ.

4–4 同次方程式

係数行列が n 次正方行列で，その行列式が 0 でないときは，クラメルの公式によって解が与えられる．n 次同次方程式

$$A\boldsymbol{x} = \boldsymbol{0} \tag{4.14}$$

の場合 $|A| \neq 0$ なら $\boldsymbol{x}=\boldsymbol{0}$ となる．これを**自明な解**という．$|A|=0$ のときはどうなるだろうか．

$\boldsymbol{x}=(x_1, x_2, \cdots, x_n)^{\mathrm{T}} \neq \boldsymbol{0}$ が解ならば，A を列ベクトル $\boldsymbol{a}_k$ で $A=(\boldsymbol{a}_1, \boldsymbol{a}_2, \cdots, \boldsymbol{a}_n)$ と書くと(4.14)は

$$x_1\boldsymbol{a}_1+x_2\boldsymbol{a}_2+\cdots+x_n\boldsymbol{a}_n = \boldsymbol{0}$$

と書けるので，ベクトル $\{\boldsymbol{a}_1, \cdots, \boldsymbol{a}_n\}$ は 1 次従属となり，第 3 章で述べたように $|A|=0$ となる．逆に $|A|=0$ ならば，ベクトル $\{\boldsymbol{a}_1, \boldsymbol{a}_2, \cdots, \boldsymbol{a}_n\}$ は 1 次従属となり，ある $\{c_1, c_2, \cdots, c_n\}$ に対し

$$c_1\boldsymbol{a}_1+c_2\boldsymbol{a}_2+\cdots+c_n\boldsymbol{a}_n = \boldsymbol{0} \tag{4.15}$$

が成立する．(4.15)式はベクトル $\boldsymbol{c}=(c_1, \cdots, c_n)^{\mathrm{T}}$ が(4.14)式の解であることを示している．

(4.15)式で $\boldsymbol{a}_k=\boldsymbol{0}$ ならば $c_i=0$ $(i \neq k)$，$c_k=1$ と選べるので，$\boldsymbol{x}=\boldsymbol{e}_k=(0, \cdots, 0, \overset{k}{1}, 0, \cdots, 0)$ は 1 つの解である．また，(4.15) で $\boldsymbol{a}_k=\alpha\boldsymbol{a}_l$ (α は定数) なら，(4.15)は

$$c_1\boldsymbol{a}_1+\cdots+c_{k-1}\underset{k}{\boldsymbol{a}_k}+c_{k+1}\underset{l}{\boldsymbol{a}_k}+\cdots+(\alpha c_k+c_l)\boldsymbol{a}_l+\cdots+c_n\boldsymbol{a}_n = \boldsymbol{0}$$

となり，$\boldsymbol{x}=(0, \cdots, 0, \overset{k}{1}, 0, \cdots, 0, \overset{l}{-\alpha}, 0, \cdots, 0)$ は解となる．このような解 $\{\boldsymbol{x}_1, \boldsymbol{x}_2, \cdots, \boldsymbol{x}_l\}$ が 1 次独立であるとき

$$\boldsymbol{x} = p_1\boldsymbol{x}_1+\cdots+p_l\boldsymbol{x}_l \qquad (p_1, \cdots, p_l \text{ は任意のパラメータ})$$

も(4.14)式の解となる．

方程式の数と未知数の個数が一致しない場合も含めて解の存在条件とパラメータの個数についての一般的取扱いは次の章で考える．

例題 4.8 次の同次方程式を解け.

(i) $\begin{cases} x-y=0 \\ 2x+3y=0 \end{cases}$ (ii) $\begin{cases} 2x-y=0 \\ -x+\dfrac{1}{2}y=0 \end{cases}$

(iii) $\begin{cases} x+2y-z=0 \\ 3x+y+2z=0 \\ 2x-y+3z=0 \end{cases}$ (iv) $\begin{cases} 2x-y+2z=0 \\ 3x-\dfrac{3}{2}y+3z=0 \\ x-\dfrac{1}{2}y+z=0 \end{cases}$

［解］ 係数行列を A，解を $\boldsymbol{x}$ と書く.

(i) $|A|=\begin{vmatrix} 1 & -1 \\ 2 & 3 \end{vmatrix}=5\neq 0$ であるから，$\boldsymbol{x}=\boldsymbol{0}$.

(ii) $|A|=\begin{vmatrix} 2 & -1 \\ -1 & \dfrac{1}{2} \end{vmatrix}=0$，$\boldsymbol{a}_1=-2\boldsymbol{a}_2$ なので，$\boldsymbol{x}_1=(1,2)$ は解. p を任意のパラメータとすると，$\boldsymbol{x}=p\boldsymbol{x}_1=(1,2)p$ も解である.

(iii) $|A|=\begin{vmatrix} 1 & 2 & -1 \\ 3 & 1 & 2 \\ 2 & -1 & 3 \end{vmatrix}=0$，$\boldsymbol{a}_3=\boldsymbol{a}_1-\boldsymbol{a}_2$ であり，$\{\boldsymbol{a}_1, \boldsymbol{a}_2\}$ は1次独立である. (4.15)式は

$$c_1\boldsymbol{a}_1+c_2\boldsymbol{a}_2+c_3\boldsymbol{a}_3=(c_1+c_3)\boldsymbol{a}_1+(c_2-c_3)\boldsymbol{a}_2=0$$

$\boldsymbol{a}_1, \boldsymbol{a}_2$ は1次独立なので，$c_1+c_3=0$，$c_2-c_3=0$. $\boldsymbol{a}_3$ が消去されたので，$c_3=1$ とおける. このとき $c_1=-1$，$c_2=1$ となり，p をパラメータとすると，$\boldsymbol{x}=(-1,1,1)p$ は解.

(iv) $|A|=\begin{vmatrix} 2 & -1 & 2 \\ 3 & -\dfrac{3}{2} & 3 \\ 1 & -\dfrac{1}{2} & 1 \end{vmatrix}=0$，$\boldsymbol{a}_1=-2\boldsymbol{a}_2=\boldsymbol{a}_3$

なので，

$$c_1\boldsymbol{a}_1+c_2\boldsymbol{a}_2+c_3\boldsymbol{a}_3=(-2c_1+c_2-2c_3)\boldsymbol{a}_2=\boldsymbol{0}$$

から $c_2=2c_1+2c_3$ (c_1, c_3 は任意). $\boldsymbol{a}_1, \boldsymbol{a}_3$ が消去されたので $c_1=1$，$c_3=0$ および $c_1=0$，$c_3=1$ が独立に選べる. これから $\boldsymbol{c}=(1,2,0)$ および $(0,2,1)$ は1次独立な解となり

$$\boldsymbol{x}=(1,2,0)p_1+(0,2,1)p_2$$

は2個のパラメータ p_1, p_2 をもつ解となる.

例題 4.9 未知数の個数が方程式の個数より多い次の同次方程式を解け

(i) $\begin{cases} x-y+z=0 \\ 2x+y-2z=0 \end{cases}$ (ii) $\begin{cases} 2x-y+2z=0 \\ x-\dfrac{1}{2}y+z=0 \end{cases}$

(iii) $\begin{cases} x+2y-z+w=0 \\ y+2z-w=0 \\ 2x-y-3z=0 \end{cases}$ (iv) $\begin{cases} x+y-z+w=0 \\ 2x-y+3z+w=0 \\ x-2y+3z-w=0 \end{cases}$

［解］ (i) 未知数 $(x, y, z)^{\mathrm{T}}$ に対する係数行列は

$$A=(\boldsymbol{a}_1, \boldsymbol{a}_2, \boldsymbol{a}_3)=\begin{pmatrix} 1 & -1 & 1 \\ 2 & 1 & -2 \\ 0 & 0 & 0 \end{pmatrix}$$

となり $|A|=0$ である．$\boldsymbol{a}_1=-4\boldsymbol{a}_2-3\boldsymbol{a}_3$ なので

$$c_1\boldsymbol{a}_1+c_2\boldsymbol{a}_2+c_3\boldsymbol{a}_3=(c_2-4c_1)\boldsymbol{a}_2+(c_3-3c_1)\boldsymbol{a}_3=\boldsymbol{0}$$

から $c_1=1$，$c_2=4$，$c_3=3$．したがって，p を任意のパラメータとすると $(1, 4, 3)p$ が解となる．

(ii) 未知数 $(x, y, z)^{\mathrm{T}}$ に対する係数行列は

$$A=(\boldsymbol{a}_1, \boldsymbol{a}_2, \boldsymbol{a}_3)=\begin{pmatrix} 2 & -1 & 2 \\ 1 & -\dfrac{1}{2} & 1 \\ 0 & 0 & 0 \end{pmatrix}$$

$\boldsymbol{a}_1=-2\boldsymbol{a}_2=\boldsymbol{a}_3$ なので

$$c_1\boldsymbol{a}_1+c_2\boldsymbol{a}_2+c_3\boldsymbol{a}_3=(-2c_1+c_2-2c_3)\boldsymbol{a}_2=\boldsymbol{0}$$

から $c_2=2c_1+2c_3$ (c_1, c_3 は任意定数)．$c_1=1$，$c_3=0$ および $c_1=0$，$c_3=1$ は独立な解を与える．したがって解は $\boldsymbol{c}_1=(1, 2, 0)$ および $\boldsymbol{c}_2=(0, 2, 1)$ となり，p_1, p_2 を任意のパラメータとすると，一般的な解は $\boldsymbol{c}=p_1\boldsymbol{c}_1+p_2\boldsymbol{c}_2$ となる．

(iii) 未知数 $(x, y, z, w)^{\mathrm{T}}$ に対する係数行列は 4 次となって扱いが大変なので，はじめの 2 式から w を消去し未知数の個数を 3 とすると，方程式は

$$\begin{cases} x+3y+z=0 \\ 2x-y-3z=0 \end{cases}$$

となる．未知数 $(x, y, z)^{\mathrm{T}}$ に対する係数行列は

$$A=(\boldsymbol{a}_1, \boldsymbol{a}_2, \boldsymbol{a}_3)=\begin{pmatrix} 1 & 3 & 1 \\ 2 & -1 & -3 \\ 0 & 0 & 0 \end{pmatrix}$$

$\boldsymbol{a}_1=(5/8)\boldsymbol{a}_2+(-7/8)\boldsymbol{a}_3$ なので

$$c_1\boldsymbol{a}_1+c_2\boldsymbol{a}_2+c_3\boldsymbol{a}_3=\left(c_2+\frac{5}{8}c_1\right)\boldsymbol{a}_2+\left(c_3-\frac{7}{8}c_1\right)\boldsymbol{a}_3=0$$

これから，$c_1=1$，$c_2=-5/8$，$c_3=7/8$．p を任意のパラメータとすると $w=y+2z$ に注意して，解 $(1, -5/8, 7/8, 9/8)p$ が得られる．

(iv) この場合も，w を消去して，たとえば

$$\begin{cases} x-2y+4z=0 \\ 2x-y+2z=0 \end{cases}$$

とすると

$$A=(\boldsymbol{a}_1, \boldsymbol{a}_2, \boldsymbol{a}_3)=\begin{pmatrix} 1 & -2 & 4 \\ 2 & -1 & 2 \\ 0 & 0 & 0 \end{pmatrix}$$

これから $\boldsymbol{a}_3=-2\boldsymbol{a}_2$ で $\boldsymbol{a}_1$ と $\boldsymbol{a}_2$ は1次独立である．

$$c_1\boldsymbol{a}_1+c_2\boldsymbol{a}_2+c_3\boldsymbol{a}_3=c_1\boldsymbol{a}_1+(c_2-2c_3)\boldsymbol{a}_2=0$$

より $c_1=0$，$c_2=2c_3$ (c_3 は任意) となるので $(x, y, z)=(0, 2, 1)p$ (p は任意) および，$w=-x-y+z=-p$ が得られる．したがって，解 $(0, 2, 1, -1)p$ が得られる．

この例題で扱ったような連立方程式では，式の数と同じ個数の未知数を選び，他の未知数は任意のパラメータとみなしてもよい．

TIPS： 方程式の個数が多くなると？

同次方程式も一般の1次方程式も，消去法(ガウスの方法)によって未知数を消去していけば解があるのかないのかがわかり，また解がある場合，その具体形を求めることができる．しかし，方程式の個数が多くなったり，係数がパラメータを含んでいたりすると，計算量が急速に増加する．どのくらい計算をすれば解が得られるのか，また，解のパラメータは最大いくつあるのかということを知るためには，一般的な扱いをしなければならない．上で述べた方法はこれらの問に答えるための一つの準備である．解の個数については第5章で扱う．

問 題 4–4

[1] 次の同次方程式を解け.

(1) $\boldsymbol{a}_1, \boldsymbol{a}_2$ は1次独立な2次元ベクトル, $A=(\boldsymbol{a}_1, \boldsymbol{a}_2)$ で $A(x, y)^{\mathrm{T}}=0$.

(2) $\boldsymbol{a}_1 \neq 0$ は2次元ベクトル, $\boldsymbol{a}_2=\alpha\boldsymbol{a}_1$ (α は定数), $A=(\boldsymbol{a}_1, \boldsymbol{a}_2)$ で, $A(x, y)^{\mathrm{T}}=0$.

(3) $\boldsymbol{a}_1, \boldsymbol{a}_2, \boldsymbol{a}_3$ は1次独立な3次元ベクトル, $A=(\boldsymbol{a}_1, \boldsymbol{a}_2, \boldsymbol{a}_3)$ で, $A(x, y, z)^{\mathrm{T}}=0$.

(4) $\boldsymbol{a}_1, \boldsymbol{a}_2$ は1次独立な3次元ベクトル, $\boldsymbol{a}_3=\alpha\boldsymbol{a}_1+\beta\boldsymbol{a}_2$ (α, β は定数), $A=(\boldsymbol{a}_1, \boldsymbol{a}_2, \boldsymbol{a}_3)$ で, $A(x, y, z)^{\mathrm{T}}=0$.

(5) $\boldsymbol{a}_1 \neq 0$ は3次元ベクトル, $\boldsymbol{a}_2=\alpha\boldsymbol{a}_1$ (α は定数), $A=(\boldsymbol{a}_1, \boldsymbol{a}_2, \boldsymbol{0})$ で $A(x, y, z)^{\mathrm{T}}=0$.

[2] 次の同次方程式を解け. a は定数とする.

(1) $\begin{cases} ax+2y=0 \\ x+(1+a)y=0 \end{cases}$　(2) $\begin{cases} 2x+ay+z=0 \\ x-y+z=0 \\ ax+5y-z=0 \end{cases}$

[3] 次の同次方程式を解け.

(1) $\begin{cases} x-2y+z=0 \\ -3x+y-2z=0 \\ 5x-5y+4z=0 \end{cases}$　(2) $\begin{cases} 3x+y-2z=0 \\ x-2y-z=0 \\ 2x-y+z=0 \end{cases}$

(3) $\begin{cases} 4x+2y+3z=0 \\ x+5y-z=0 \\ 5x-11y+9z=0 \end{cases}$　(4) $\begin{cases} x+y+z=0 \\ 2x+y-2z=0 \end{cases}$

暗号

スタンリー・キューブリック監督の映画「2001年宇宙の旅」に登場するロボットの名前はHALで，これはIBMの1文字手前のアルファベットを並べたものになっている．

Aに0, Bに1, …, Zに25を対応させ，

$$y = x-1$$

として，xに8(=I), 1(=B), 12(=M)を代入すればHALが得られる．ただし，A(=0)にはZ(=25)が対応するとしておく．

以上の規則を一般化して図式にすると

普通の文(または数値化した数列)⟶ 変換規則 ⟶暗号文

となる．$y=x-1$のような変換規則を「シーザーの暗号」といい，-1は鍵である．シーザーの暗号は推理小説などで使われている．

シーザーの暗号は作るのは簡単だが，元の文章と暗号化された文章の言語構造が同一のため，変換規則(鍵)を知らなくても解読されてしまうという欠点がある．

1931年，ヒル(L. S. Hill)はこの欠点を修正するため，1文字ずつ変換するのではなく，n文字ずつ変換するブロック暗号を考えた．行列の形で書けば，例えば($n=2$)

$$\begin{pmatrix} y_1 \\ y_2 \end{pmatrix} = \begin{pmatrix} 3 & 5 \\ 1 & 2 \end{pmatrix} \begin{pmatrix} x_1 \\ x_2 \end{pmatrix}$$

ここで

$$\begin{pmatrix} 3 & 5 \\ 1 & 2 \end{pmatrix}$$

が鍵である．ただし，鍵の2次行列は，成分が整数で逆行列が存在し，行列式の値と26の最大公約数が1であることが条件である．送るべき数列を2つずつに区切り，x_1, x_2として行列の積を計算して，暗号化された数列y_1, y_2を得る．

nを大きくとれば，元の文章がもっている言語構造は暗号化された文章に影響しない．

5

行列の基本変形

連立1次方程式を解くとき，方程式を加えたり，引いたりして，未知数を消去してゆく方法(ガウスの消去法)がある．連立1次方程式を行列と未知ベクトルを使って表わすと，この消去法は係数行列を方程式の内容を変えないで変形してゆく操作を表わしている．また，逆行列を求めるのにも行列の変形が使える．このような行列の変形によって，行列には階数と呼ばれる重要な量が含まれていることがわかる．

5-1　行列の変形

連立1次方程式を解くガウスの方法は係数行列を三角行列に変換する方法である．例えば，2元連立1次方程式

$$\begin{cases} ax+by=e \\ cx+dy=f \end{cases} \tag{5.1}$$

では，$a \neq 0$ として，第1式の両辺に $-\dfrac{c}{a}$ をかけ第2式に加えると，$|A|=ad-bc$ として

$$\begin{cases} ax+by=e \\ \dfrac{|A|}{a}y=f-\dfrac{c}{a}e \end{cases} \tag{5.2}$$

となる．これは，(5.1)式を係数行列 A とベクトル $\boldsymbol{x}=(x,y)^{\mathrm{T}}$，$\boldsymbol{b}=(e,f)^{\mathrm{T}}$ を使って $A\boldsymbol{x}=\boldsymbol{b}$ と書いたとき，左側から行列

$$P=\begin{pmatrix} 1 & 0 \\ -\dfrac{c}{a} & 1 \end{pmatrix} \tag{5.3}$$

をかけ

$$A \longrightarrow PA=\begin{pmatrix} a & b \\ 0 & \dfrac{|A|}{a} \end{pmatrix}, \quad \boldsymbol{b} \longrightarrow P\boldsymbol{b}=\begin{pmatrix} e \\ f-\dfrac{c}{a}e \end{pmatrix}$$

のように変形することと同等である．(5.2)の第2式は $|A|=0$ なら右辺の定数項 $f-\dfrac{c}{a}e=0$ であることが必要条件となり，この条件が成立しているとき y は任意な値でよいことがわかる．$a \neq 0$ を仮定しているから，x は(y の値に依存して)1通りに決まる．$|A| \neq 0$ なら解はクラメルの公式によるものと同じである．

$3\times n$ 行列に左からかけて，第2行に第1行の α 倍を加え，第3行に第1行の β 倍と第2行の γ 倍を加える操作を行なう行列は左下三角行列

$$P=\begin{pmatrix}1 & 0 & 0\\ \alpha & 1 & 0\\ \beta & \gamma & 1\end{pmatrix} \tag{5.4}$$

である．3次行列 $A=\{a_{ij}\}$ を右上三角行列に変換するには

$$a_{21}+\alpha a_{11}=0, \qquad a_{31}+\beta a_{11}+\gamma a_{21}=0, \qquad a_{32}+\beta a_{12}+\gamma a_{22}=0 \tag{5.5}$$

となるように α, β, γ を決めればよい．このとき

$$PA=\begin{pmatrix}a_{11} & a_{12} & a_{13}\\ 0 & a_{22}+\alpha a_{12} & a_{23}+\alpha a_{13}\\ 0 & 0 & a_{33}+\beta a_{13}+\gamma a_{23}\end{pmatrix} \tag{5.6}$$

となる．(5.5)式から α, β, γ が1通りに決まるためには $a_{11}(a_{11}a_{22}-a_{12}a_{21})\neq 0$ であることが必要である．

$a_{11}\neq 0$ のとき(5.5)式から α を決め，$|P|=1$ を使うと

$$\begin{aligned}|A| = |PA| &= a_{11}(a_{22}+\alpha a_{12})(a_{33}+\beta a_{13}+\gamma a_{23})\\ &= (a_{11}a_{22}-a_{12}a_{21})(a_{33}+\beta a_{13}+\gamma a_{23})\end{aligned} \tag{5.7}$$

となる．

3次の行列 $A=\{a_{ij}\}$ $(a_{11}\neq 0)$ を係数とする方程式

$$A\begin{pmatrix}x\\ y\\ z\end{pmatrix}=\begin{pmatrix}f_1\\ f_2\\ f_3\end{pmatrix} \tag{5.8}$$

の左から(5.4)式をかける．α, β, γ は(5.5)式から1通りに決まるとする．このとき(5.8)式は，(5.6)式の表現を使って

$$PA\begin{pmatrix}x\\ y\\ z\end{pmatrix}=\begin{pmatrix}f_1\\ f_2+\alpha f_1\\ f_3+\beta f_1+\gamma f_2\end{pmatrix} \tag{5.9}$$

となる．(5.7)式から，$|PA|=|A|$ であるから $|A|\neq 0$ のときは(5.9)式から決まる解は(5.8)式に対してクラメルの公式を使ったものと同じである．$|PA|=|A|=0$ のとき，$a_{11}a_{22}-a_{12}a_{21}\neq 0$ を仮定すれば，(5.7)から $a_{33}+\beta a_{13}+\gamma a_{23}=0$ となり，(5.9)の最後の式から，$f_3+\beta f_1+\gamma f_2=0$ が解をもつ必要条件となることがわかる．

例題 5.1　係数を右上三角行列にすることによって，次の方程式を解け．

(i)　$\begin{cases} x+2y=0 \\ -x-y=1 \end{cases}$　　　(ii)　$\begin{cases} 2x-y=2 \\ x-\dfrac{1}{2}y=1 \end{cases}$

［解］　(i)　第 2 式に第 1 式を加えた式を第 2 式と置き換えると

$$\begin{cases} x+2y=0 \\ y=1 \end{cases}$$

これから $y=1$, $x=-2$ が得られる．

(ii)　第 2 式から $\dfrac{1}{2}\times$(第 1 式)を引いた式で第 2 式を置き換えると

$$\begin{cases} 2x-y=2 \\ 0=0 \end{cases}$$

となり，x または y のうち一方は任意となる．x を任意のパラメータ p と置くと，解は，$x=p$, $y=2p-2$.

例題 5.2　係数行列を右上三角行列に変換することによって，次の方程式を解け．

$$\begin{pmatrix} 1 & 2 & 1 \\ 1 & -1 & 1 \\ 1 & -2 & 1 \end{pmatrix}\begin{pmatrix} x \\ y \\ z \end{pmatrix}=\begin{pmatrix} 6 \\ 3 \\ 2 \end{pmatrix} \qquad (1)$$

［解］　(5.4)式の行列 P を左から(1)式の両辺にかける．ここで，(5.5)式は

$$\alpha+1=0, \qquad \beta+\gamma+1=0, \qquad 2\beta-\gamma-2=0$$

となり，$\alpha=-1$, $\beta=\dfrac{1}{3}$, $\gamma=-\dfrac{4}{3}$ である．(5.9)式は

$$\begin{pmatrix} 1 & 2 & 1 \\ 0 & -3 & 0 \\ 0 & 0 & 0 \end{pmatrix}\begin{pmatrix} x \\ y \\ z \end{pmatrix}=\begin{pmatrix} 6 \\ -3 \\ 0 \end{pmatrix}$$

の形となる．これから $z=p$ は任意，$y=1$, $x=6-2y-z=4-p$ が得られる．ベクトルで表わせば $\boldsymbol{x}=(4,1,0)+(-1,0,1)p$ と書ける．

問　題 5–1

［1］　2次行列 A を行ベクトル $\boldsymbol{a}_1, \boldsymbol{a}_2$ で $A=(\boldsymbol{a}_1, \boldsymbol{a}_2)^{\mathrm{T}}$ と表わす．2次行列

$$\begin{pmatrix} \alpha & \beta \\ \gamma & \delta \end{pmatrix}$$

を左から A にかけると，どんな操作をしたことになるか．

［2］　2次行列 A を列ベクトル $\boldsymbol{a}_1, \boldsymbol{a}_2$ で $A=(\boldsymbol{a}_1, \boldsymbol{a}_2)$ と表わす．2次行列

$$\begin{pmatrix} \alpha & \beta \\ \gamma & \delta \end{pmatrix}$$

を右から A にかけるとどんな操作をしたことになるか．

［3］　次の連立1次方程式をガウスの方法で解け．

(1)　$\begin{cases} 2x+y = 1 \\ x-y = 2 \end{cases}$　　(2)　$\begin{cases} 2x-y = 2 \\ -\dfrac{1}{2}x+y = -1 \end{cases}$

(3)　$\begin{cases} 2x-3y+z = 0 \\ 3x+2y-3z = 11 \\ 3y+z = 2 \end{cases}$　　(4)　$\begin{cases} -3x+y-2z = 3 \\ 2x-y+z = 5 \\ 5x-2y+3z = 2 \end{cases}$

［4］　A' を $n-1$ 次正則行列，B' を $n-1$ 次左下三角行列

$$B' = \begin{pmatrix} b'_{11} & & 0 \\ \vdots & \ddots & \\ b'_{n-1,1} & \cdots & b'_{n-1,n-1} \end{pmatrix}$$

とし，$B'A'$ は右上三角行列

$$B'A' = \begin{pmatrix} \sum b'_{1k}a'_{k1} & \cdots & \sum b'_{1,k}a'_{k,n-1} \\ & \ddots & \vdots \\ 0 & & \sum b'_{n-1,k}a'_{k,n-1} \end{pmatrix}$$

になっているとする．このとき

$$A = \left(\begin{array}{ccc|c} & A' & & a_{1n} \\ \hline a_{n1} & & \cdots & a_{nn} \end{array}\right), \quad B = \left(\begin{array}{ccc|c} & B' & & 0 \\ \hline b_{n1} & & \cdots & b_{nn} \end{array}\right)$$

とおくと，B は n 次左下三角行列である．BA が右上三角行列となるよう $\{b_{n1}, b_{n2}, \cdots, b_{nn}\}$ を決めよ．

5-2　基本変形

行列の行に関する演算と列に関する演算はそれぞれ，左と右からある行列をかけることで実行できる．このうち

(1)　1つの行を定数倍する，

(2)　1つの行の定数倍を他の行に加える，

という操作を**行に関する基本変形**，これを実行する正方行列を**行基本行列**という．(1), (2)の操作を組み合わせて，

(3)　1つの行と他の行を入れかえる，

という操作ができるが，便宜上，(3)も基本変形ということにする．

行を列と言い換えると，同じように**列に関する基本変形**と**列基本行列**が定義される．

(1)～(3)に対応する2次の行基本行列は，たとえばそれぞれ

$$P_1=\begin{pmatrix}\alpha & 0\\ 0 & 1\end{pmatrix},\qquad P_2=\begin{pmatrix}1 & 0\\ \alpha & 1\end{pmatrix},\qquad P_3=\begin{pmatrix}0 & 1\\ 1 & 0\end{pmatrix} \tag{5.10}$$

となる．ここでαは定数である．2次の行列$A=(a_{ij})$に対して

$$P_1A=\begin{pmatrix}\alpha a_{11} & \alpha a_{12}\\ a_{21} & a_{22}\end{pmatrix},\quad P_2A=\begin{pmatrix}a_{11} & a_{12}\\ \alpha a_{11}+a_{21} & \alpha a_{12}+a_{22}\end{pmatrix}$$

$$P_3A=\begin{pmatrix}a_{21} & a_{22}\\ a_{11} & a_{12}\end{pmatrix}$$

となる．P_1, P_2, P_3は$2\times n$行列に対しても同様の操作を表わす．

基本変形を行なった行列に対し逆の操作を行なうと，もとにもどる．逆の操作は基本行列の逆行列で表わされるので，基本行列は正則である．$\alpha\neq 0$として，(1)～(3)の逆の操作を表わす行基本行列はそれぞれ

$$P_1^{-1}=\begin{pmatrix}\dfrac{1}{\alpha} & 0\\ 0 & 1\end{pmatrix},\qquad P_2^{-1}=\begin{pmatrix}1 & 0\\ -\alpha & 1\end{pmatrix},\qquad P_3^{-1}=\begin{pmatrix}0 & 1\\ 1 & 0\end{pmatrix} \tag{5.11}$$

となる．

(1)～(3)に対応する列の基本変形を行なう列基本行列をそれぞれ Q_1, Q_2, Q_3 とすれば

$$Q_1=\begin{pmatrix}\alpha & 0\\ 0 & 1\end{pmatrix},\qquad Q_2=\begin{pmatrix}1 & \alpha\\ 0 & 1\end{pmatrix},\qquad Q_3=\begin{pmatrix}0 & 1\\ 1 & 0\end{pmatrix} \tag{5.12}$$

である．(5.11)式は，左から $2\times n$ 行列にかけることができ，(5.12)式は右から $n\times 2$ 行列にかけることができる．同じように $3\times n$ 行列の行基本変形は，その行列に左から3次の正則行列

$$P_1=\begin{pmatrix}\alpha & 0 & 0\\ 0 & 1 & 0\\ 0 & 0 & 1\end{pmatrix},\qquad P_2=\begin{pmatrix}1 & 0 & 0\\ \alpha & 1 & 0\\ \beta & \gamma & 1\end{pmatrix}$$

などをかけることにより実行できる．また，$n\times 3$ 行列の列基本変形は，$n\times 3$ 行列に右から

$$Q_1=\begin{pmatrix}\alpha & 0 & 0\\ 0 & 1 & 0\\ 0 & 0 & 1\end{pmatrix},\qquad Q_2=\begin{pmatrix}1 & \alpha & \beta\\ 0 & 1 & \gamma\\ 0 & 0 & 1\end{pmatrix}$$

などをかけることで実行できる．

逆行列の求め方　行の基本変形により正則行列の逆行列を求めることができる．

A を n 次正方行列，E_n を n 次単位行列とするとき，$n\times(2n)$ 行列 $(A \,\vdots\, E_n)$ の A の部分を単位行列に移す変換 P を E_n の部分に対しても行なう．

$$(A \,\vdots\, E_n) \longrightarrow (PA \,\vdots\, PE_n)=(E_n \,\vdots\, PE_n) \tag{5.13}$$

このとき，PE_n が A^{-1} に等しい．この操作は，(4.1)の A をガウスの方法で右上三角行列に変換し，続けて A を行基本変形により対角行列に変換すれば，$X=A^{-1}$ となることと同値である．$|A|=0$ の場合，三角行列に変換できるが，行基本変形だけでは対角行列に変換できないことがある．

例題 5.3　2 次正方行列 $A=\begin{pmatrix} a & b \\ c & d \end{pmatrix}$　$(a,|A|\neq 0)$ を考え，

$$P=\begin{pmatrix} 1 & 0 \\ -\dfrac{c}{a} & 1 \end{pmatrix}, \qquad Q=\begin{pmatrix} 1 & -\dfrac{ab}{|A|} \\ 0 & 1 \end{pmatrix}, \qquad R=\begin{pmatrix} \dfrac{1}{a} & 0 \\ 0 & \dfrac{a}{|A|} \end{pmatrix}$$

とおく，P, QP, RQP を左から A にかけると，どのような変形をひきおこすか．また，A^{-1} を P, Q, R で表わせ．

［解］　それぞれ A に左からかけると

$$PA=\begin{pmatrix} a & b \\ 0 & \dfrac{|A|}{a} \end{pmatrix}, \qquad QPA=\begin{pmatrix} a & 0 \\ 0 & \dfrac{|A|}{a} \end{pmatrix}, \qquad RQPA=\begin{pmatrix} 1 & 0 \\ 0 & 1 \end{pmatrix}$$

これらは順に，三角行列，対角行列，単位行列である．最後の式から，$A^{-1}=RQP$ となる．

例題 5.4　次の行列 P はどんな行基本変換を表わすか．また，P をそれぞれ α, β, γ だけに依存する 3 つの基本行列の積で表わせ．また，P^{-1} を求めよ．

$$P=\begin{pmatrix} 1 & 0 & 0 \\ \alpha & 1 & 0 \\ \beta & \gamma & 1 \end{pmatrix}$$

［解］　第 1 行の α 倍を第 2 行に加え，第 1 行の β 倍と第 2 行の γ 倍を第 3 行に加える操作を表わす．この操作を行う行列は

$$P=\begin{pmatrix} 1 & 0 & 0 \\ \alpha & 1 & 0 \\ 0 & 0 & 1 \end{pmatrix}\begin{pmatrix} 1 & 0 & 0 \\ 0 & 1 & 0 \\ \beta & 0 & 1 \end{pmatrix}\begin{pmatrix} 1 & 0 & 0 \\ 0 & 1 & 0 \\ 0 & \gamma & 1 \end{pmatrix}$$

で表わされ，P を 3 つの基本行列の積で表現している．P の逆 P^{-1} はそれぞれの因子行列の逆の積などから求められる．

$$P^{-1}=\begin{pmatrix} 1 & 0 & 0 \\ 0 & 1 & 0 \\ 0 & -\gamma & 1 \end{pmatrix}\begin{pmatrix} 1 & 0 & 0 \\ 0 & 1 & 0 \\ -\beta & 0 & 1 \end{pmatrix}\begin{pmatrix} 1 & 0 & 0 \\ -\alpha & 1 & 0 \\ 0 & 0 & 1 \end{pmatrix}=\begin{pmatrix} 1 & 0 & 0 \\ -\alpha & 1 & 0 \\ -\beta+\alpha\gamma & -\gamma & 1 \end{pmatrix}$$

例題 5.5　次の行列の逆行列を(5.13)の方法で求めよ．

(i) $\begin{pmatrix} 2 & 1 \\ -3 & -1 \end{pmatrix}$　　(ii) $\begin{pmatrix} 2 & 4 & 4 \\ 3 & 8 & 2 \\ 2 & 8 & 6 \end{pmatrix}$

［解］ (i)　行基本変形を，たとえば次のように行なう．

$$\left(\begin{array}{cc|cc} 2 & 1 & 1 & 0 \\ -3 & -1 & 0 & 1 \end{array}\right) \xrightarrow{\text{第1行}\times 3/2\text{を第2行に加える}((2,1)\text{成分を0にする})} \left(\begin{array}{cc|cc} 2 & 1 & 1 & 0 \\ 0 & \frac{1}{2} & \frac{3}{2} & 1 \end{array}\right)$$

$$\xrightarrow{\text{第2行}\times 2\text{を第1行から引く}((1,2)\text{成分を0にする})} \left(\begin{array}{cc|cc} 2 & 0 & -2 & -2 \\ 0 & \frac{1}{2} & \frac{3}{2} & 1 \end{array}\right) \xrightarrow{\text{第1行を}1/2\text{倍，第2行を2倍する(対角成分を1にする)}} \left(\begin{array}{cc|cc} 1 & 0 & -1 & -1 \\ 0 & 1 & 3 & 2 \end{array}\right)$$

これから逆行列は$\begin{pmatrix} -1 & -1 \\ 3 & 2 \end{pmatrix}$となる．

(ii)　行基本変形を，たとえば，次のように行なう．

$$\left(\begin{array}{ccc|ccc} 2 & 4 & 4 & 1 & 0 & 0 \\ 3 & 8 & 2 & 0 & 1 & 0 \\ 2 & 8 & 6 & 0 & 0 & 1 \end{array}\right) \xrightarrow{\text{第1行}\times 3/2\text{を第2行から引く，第1行を第3行から引く}((2,1)\text{成分，}(3,1)\text{成分を0とする})} \left(\begin{array}{ccc|ccc} 2 & 4 & 4 & 1 & 0 & 0 \\ 0 & 2 & -4 & -\frac{3}{2} & 1 & 0 \\ 0 & 4 & 2 & -1 & 0 & 1 \end{array}\right)$$

$$\xrightarrow{\text{第2行}\times 2\text{を第3行から引く}((3,2)\text{成分を0とする})} \left(\begin{array}{ccc|ccc} 2 & 4 & 4 & 1 & 0 & 0 \\ 0 & 2 & -4 & -\frac{3}{2} & 1 & 0 \\ 0 & 0 & 10 & 2 & -2 & 1 \end{array}\right) \xrightarrow{\text{第3行}\times 2/5\text{を第1行から引き，第2行に加える}((1,3)\text{成分，}(2,3)\text{成分を0とする})} \left(\begin{array}{ccc|ccc} 2 & 4 & 0 & \frac{1}{5} & \frac{4}{5} & -\frac{2}{5} \\ 0 & 2 & 0 & -\frac{7}{10} & \frac{1}{5} & \frac{2}{5} \\ 0 & 0 & 10 & 2 & -2 & 1 \end{array}\right)$$

$$\xrightarrow{\text{第2行}\times 2\text{を第1行から引く}((1,2)\text{成分を0とする})} \left(\begin{array}{ccc|ccc} 2 & 0 & 0 & \frac{8}{5} & \frac{2}{5} & -\frac{6}{5} \\ 0 & 2 & 0 & -\frac{7}{10} & \frac{1}{5} & \frac{2}{5} \\ 0 & 0 & 10 & 2 & -2 & 1 \end{array}\right) \xrightarrow{\text{第1行，第2行を2で，第3行を10で割る}} \left(\begin{array}{ccc|ccc} 1 & 0 & 0 & \frac{4}{5} & \frac{1}{5} & -\frac{3}{5} \\ 0 & 1 & 0 & -\frac{7}{20} & \frac{1}{10} & \frac{1}{5} \\ 0 & 0 & 1 & \frac{1}{5} & -\frac{1}{5} & \frac{1}{10} \end{array}\right)$$

求める逆行列は，最後の行列の右半分である．

問　題 5-2

[1]　2次行列 A について以下のことを示せ．

(1)　A は列基本変形で右上三角行列に変換できる．

(2)　$|A|\neq 0$ なら，列基本変形で A を対角行列に変換できる．

(3)　$|A|=0$ なら，行基本変形だけまたは列基本変形だけでは，A を対角行列に変換できない場合がある．

(4)　行基本変形と列基本変形を使えば，A はいつでも対角行列に変換できる．

[2]　次の行列は行基本行列としてどのような行基本変形を表わすか．また，列基本行列としてどのような列基本変形を表わすか．

(1)　$\begin{pmatrix} \alpha & 0 & 0 \\ 0 & 1 & 0 \\ 0 & 0 & 1 \end{pmatrix}$　　(2)　$\begin{pmatrix} 1 & 0 & \alpha \\ 0 & 1 & 0 \\ 0 & 0 & 1 \end{pmatrix}$　　(3)　$\begin{pmatrix} 0 & 0 & 1 \\ 0 & 1 & 0 \\ 1 & 0 & 0 \end{pmatrix}$

[3]　上の[2]の(1)～(3)の行列が表わす操作の逆操作を考えることによって，それぞれ逆行列を求めよ．

[4]　(5.13)の方法で次の行列の逆行列を求めよ．

(1)　$\begin{pmatrix} 1 & 3 & 2 \\ 1 & 2 & 4 \\ 1 & 1 & 3 \end{pmatrix}$　　(2)　$\begin{pmatrix} 1 & a & b \\ 0 & 1 & c \\ 0 & 0 & 1 \end{pmatrix}$

[5]　3次行列は行基本変形と列基本変形によっていつでも対角行列に変換できることを示せ．

5-3　連立方程式の解の存在条件

行列の階数と標準形　連立1次方程式には，解をもたないもの，1組の解をもつもの，無限に多くの解をもつものがある．無限に多くの解をもつ場合は解が任意のパラメータを含む場合であるが，このパラメータの個数も方程式によって変化する．この節では一般の連立1次方程式を，行列の階数(ランク)という量を使って分類し，その解を作る．

$m\times n$ 行列 A を行基本変形 P により

$$PA=\left(\begin{array}{c|c} E_r & B \\ \hline O & \underbrace{O}_{n-r} \end{array}\right)\}m-r \tag{5.14}$$

の形に変形することができる．ここで r は，変形の仕方に依存しないで A だけで決まる数であり，B は $r\times(n-r)$ 型である．E_r は r 次の単位行列であるから，行基本変形では，B はただ1通りに決まることに注意しよう．

このとき，r を行列 A の**階数**(**ランク**)といい，$r=\mathrm{rank}\,A$ と書く．

(5.14)に対し，列基本変形 Q を行ない B を消去すれば

$$PAQ=\left(\begin{array}{c|c} E_r & O \\ \hline O & O \end{array}\right) \tag{5.15}$$

と変形できる．これを A の**標準形**という．

A を $m\times n$ 型，$\boldsymbol{x}$ を n 次ベクトル，$\boldsymbol{c}$ を m 次定数ベクトルとする．連立1次方程式

$$A\boldsymbol{x}=\boldsymbol{c} \tag{5.16}$$

を考える．行基本行列 P により(5.16)を

$$\left(\begin{array}{c|c} E_r & B \\ \hline O & O \end{array}\right)\boldsymbol{x}=\boldsymbol{c}' \qquad (\boldsymbol{c}'=P\boldsymbol{c}) \tag{5.17}$$

と変形する．(5.17)は2つの式

$$\begin{pmatrix} x_1 \\ x_2 \\ \vdots \\ x_r \end{pmatrix} + B \begin{pmatrix} x_{r+1} \\ x_{r+2} \\ \vdots \\ x_n \end{pmatrix} = \begin{pmatrix} c_1{}' \\ c_2{}' \\ \vdots \\ c_r{}' \end{pmatrix} \tag{5.18}$$

$$0 = \begin{pmatrix} c'_{r+1} \\ \vdots \\ c'_m \end{pmatrix} \tag{5.19}$$

に分けられる．(5. 19)式は(5. 16)式が解をもつための必要十分条件であり，(5. 18)は$\{x_{r+1}, x_{r+2}, \cdots, x_n\}$を$n-r$個の任意のパラメータとして，$(x_1, x_2, \cdots, x_r)$を解として与える．この解を自由度$n-r$の解という．

$$\begin{pmatrix} x_1 \\ x_2 \\ \vdots \\ x_r \end{pmatrix} = \begin{pmatrix} c_1{}' \\ c_2{}' \\ \vdots \\ c'_r \end{pmatrix} - B \begin{pmatrix} x_{r+1} \\ x_{r+2} \\ \vdots \\ x_n \end{pmatrix} \qquad (x_{r+1}, \cdots, x_n \text{ は任意}) \tag{5.20}$$

(5. 14)では行基本変形を考えたが，列基本変形を使っても同じような変形ができる．この場合，列基本行列をQとすれば，変形された行列は次のような形となる．

$$AQ = \left(\begin{array}{c|c} E_r & O \\ \hline B' & \underbrace{O}_{n-r} \end{array}\right) \}\, m-r$$

解がつくるベクトル空間　ここで連立1次方程式の解がつくるベクトル空間について述べておこう．

はじめに部分ベクトル空間を定義しておく．

Vをn次元ベクトル全体の集合とする．Vの部分集合Uが次の2条件をみたすとき，UをVの部分(ベクトル)空間という．

(1)　Uの任意のベクトル$\boldsymbol{a}, \boldsymbol{b}$の和は$U$に属する．

(2)　Uの任意のベクトルのスカラー倍はUに属する．

Vを2次元実ベクトル空間とするとき

$$U = \left\{ \begin{pmatrix} \alpha \\ 0 \end{pmatrix} \middle| \alpha \text{ は任意の実数} \right\}$$

は V の部分空間である．

$$U = \left\{\begin{pmatrix}\alpha \\ \alpha+1\end{pmatrix}\middle|\alpha \text{ は任意の実数}\right\}$$

は，零ベクトルを含まないので，部分空間ではない．

A を $m\times n$ 行列，$\boldsymbol{x}$ を n 次元ベクトルとするとき

$$U = \{\boldsymbol{x}|A\boldsymbol{x}=0\}$$

は n 次元ベクトル空間の部分空間である．

1 次独立な r 個のベクトルの 1 次結合の全体集合が部分空間を作るとき，r を U の**次元**といい $r=\dim U$ と書く．$\boldsymbol{x}$ を 2 次元ベクトルとすると，

$$U = \left\{\boldsymbol{x}\middle|\begin{pmatrix}1 & 2 \\ 2 & 4\end{pmatrix}\boldsymbol{x}=0\right\}$$

は 2 次元ベクトル空間の部分空間をつくる．$\boldsymbol{x}=\alpha(2, -1)^{\mathrm{T}}$ (α は任意の数) であるから $\dim U=1$ である．

$$U = \left\{\alpha\begin{pmatrix}1 \\ -1\end{pmatrix}+\beta\begin{pmatrix}2 \\ 3\end{pmatrix}+\gamma\begin{pmatrix}1 \\ 2\end{pmatrix}\middle|\alpha,\beta,\gamma \text{ は任意}\right\}$$

は 2 次元ベクトル空間の部分空間であるが，$(1, 2)^{\mathrm{T}}=-\frac{1}{5}(1, -1)^{\mathrm{T}}+\frac{3}{5}(2, 3)^{\mathrm{T}}$ であるから，独立なベクトルは 2 つ (例えば $(1, -1)^{\mathrm{T}}$ と $(2, 3)^{\mathrm{T}}$) なので，$\dim U=2$ である．このとき U は

$$U = \left\{\left(\alpha-\frac{1}{5}\gamma\right)\begin{pmatrix}1 \\ -1\end{pmatrix}+\left(\beta+\frac{3}{5}\gamma\right)\begin{pmatrix}2 \\ 3\end{pmatrix}\middle|\alpha,\beta,\gamma \text{ は任意}\right\}$$

となり，さらに

$$U = \left\{\alpha'\begin{pmatrix}1 \\ -1\end{pmatrix}+\beta'\begin{pmatrix}2 \\ 3\end{pmatrix}\middle|\alpha',\beta' \text{ は任意}\right\}$$

と表わせる．U は 2 次元ベクトル空間全体と一致する．

例題 5.6 次の行列を標準形に変形し，階数を求めよ．

(i) $\begin{pmatrix} 3 & -1 & 0 \\ 1 & 2 & 1 \end{pmatrix}$ (ii) $\begin{pmatrix} 2 & 1 \\ 1 & 3 \\ 0 & 1 \\ 1 & 0 \end{pmatrix}$

［解］ (i) たとえば，次のような変形を行なう．

$$\begin{pmatrix} 3 & -1 & 0 \\ 1 & 2 & 1 \end{pmatrix} \xrightarrow[\text{2 列から第 3 列×2 を引く}]{\text{第 1 列から第 3 列を引き，第}} \begin{pmatrix} 3 & -1 & 0 \\ 0 & 0 & 1 \end{pmatrix} \xrightarrow[\text{第 2 列と第 3 列を入れかえる}]{\text{第 1 列×1/3 を第 2 列に加えた後，}} \begin{pmatrix} 1 & 0 & 0 \\ 0 & 1 & 0 \end{pmatrix}$$

階数は 2 となる．

(ii) たとえば，次のように変形する．

$$\begin{pmatrix} 2 & 1 \\ 1 & 3 \\ 0 & 1 \\ 1 & 0 \end{pmatrix} \xrightarrow{\text{第 1 行から第 3 行と第 4 行×2 を引き，第 2 行から第 3 行×3 と第 4 行を引く}} \begin{pmatrix} 0 & 0 \\ 0 & 0 \\ 0 & 1 \\ 1 & 0 \end{pmatrix} \xrightarrow{\text{行を入れかえる}} \begin{pmatrix} 1 & 0 \\ 0 & 1 \\ 0 & 0 \\ 0 & 0 \end{pmatrix}$$

階数は 2.

例題 5.7 次の (i)，(ii) を証明せよ．

(i) 正則な n 次行列 A による一次変換 $A: V^n \to W$

$$\boldsymbol{x}' = A\boldsymbol{x}$$

によってつくられる空間 W の次元は n である．

(ii) 階数 r の $m\times n$ 行列 A による 1 次変換 $A: V^n \to W$ によって作られる空間 W の次元は r である．

［解］ (i) V^n のベクトルと W のベクトルは，A^{-1} があるので 1 対 1 対応する．V^n の 1 次独立なベクトル $\{\boldsymbol{x}_k\}$ $(k=1, 2, \cdots, n)$ に対し $\boldsymbol{x}_k'=A\boldsymbol{x}_k$ とおく．$\{c_k\}$ $(k=1, 2, \cdots, n)$ を定数として

$$c_1\boldsymbol{x}_1'+\cdots+c_nx_n' = A(c_1x_1+\cdots+c_nx_n) = 0$$

ならば $|A|\neq 0$ より $c_1=\cdots=c_n=0$ となる．したがって $\{\boldsymbol{x}_k'\}$ は 1 次独立であり $\dim W=n$ となる．

(ii) 1 次変換 $A: V^n \to W$

$$\boldsymbol{x}' = A\boldsymbol{x}$$

において，A を準標準形(5.14)に移す行基本行列 P を左からかけると

$$P\boldsymbol{x}' = \left(\begin{array}{c|c} E_r & B \\ \hline O & O \end{array}\right)\boldsymbol{x}$$

$$= \begin{pmatrix} x_1 \\ \vdots \\ x_r \\ 0 \\ \vdots \\ 0 \end{pmatrix} + \begin{pmatrix} B\begin{pmatrix} x_{r+1} \\ \vdots \\ x_n \end{pmatrix} \\ 0 \\ \vdots \\ 0 \end{pmatrix}$$

$(x_1, \cdots, x_r)^{\mathrm{T}}$ は r 次元のベクトル空間をつくるので，$P\boldsymbol{x}'$ の次元も r である．P は正則であるから，$\boldsymbol{x}'$ のつくる空間の次元も r である．

例題 5.8　連立 1 次方程式

$$A\boldsymbol{x} = \boldsymbol{c}$$

の係数 $A, \boldsymbol{c}$ を $(A \mid \boldsymbol{c})$ と並べた $m\times(n+1)$ 行列を，**拡大係数行列**という．行変形により A の部分を標準形に変える方法によって，次の方程式を解け．

(i) $\begin{pmatrix} -1 & 1 & 2 \\ 2 & -1 & 1 \\ -2 & 3 & -1 \end{pmatrix}\begin{pmatrix} x_1 \\ x_2 \\ x_3 \end{pmatrix} = \begin{pmatrix} 1 \\ 0 \\ 2 \end{pmatrix}$　　(ii) $\begin{pmatrix} 1 & -1 & 2 \\ 2 & 1 & -1 \end{pmatrix}\begin{pmatrix} x_1 \\ x_2 \\ x_3 \end{pmatrix} = \begin{pmatrix} 1 \\ 0 \end{pmatrix}$

(iii) $\begin{pmatrix} 1 & -1 \\ -1 & 2 \\ 1 & -2 \\ -1 & 1 \end{pmatrix}\begin{pmatrix} x_1 \\ x_2 \end{pmatrix} = \begin{pmatrix} c \\ -3 \\ 3 \\ -2 \end{pmatrix}$　　(c は定数)

［解］　(i)　拡大係数行列の行変形を行なうと

$$\left(\begin{array}{ccc|c} -1 & 1 & 2 & 1 \\ 2 & -1 & 1 & 0 \\ -2 & 3 & -1 & 2 \end{array}\right) \xrightarrow[\text{第 1 行}\times 2\text{ を第 2 行に加える}]{\text{第 2 行を第 3 行に，}} \left(\begin{array}{ccc|c} 1 & -1 & -2 & -1 \\ 0 & 1 & 5 & 2 \\ 0 & 2 & 0 & 2 \end{array}\right)$$

$$\xrightarrow[\text{第 2 行}\times 2\text{ を第 3 行から引く}]{} \left(\begin{array}{ccc|c} 1 & 0 & 3 & 1 \\ 0 & 1 & 5 & 2 \\ 0 & 0 & -10 & -2 \end{array}\right) \xrightarrow[\text{第 3 行}\times 3/10\text{ を第 1 行に，第 3 行}\times 1/2\text{ を第 2 行に加える}]{} \left(\begin{array}{ccc|c} 1 & 0 & 0 & \frac{4}{10} \\ 0 & 1 & 0 & 1 \\ 0 & 0 & 1 & \frac{1}{5} \end{array}\right)$$

これから $(x_1, x_2, x_3)^{\mathrm{T}}=\left(\dfrac{2}{5},\ 1,\ \dfrac{1}{5}\right)$

(ii) $\left(\begin{array}{ccc|c} 1 & -1 & 2 & 1 \\ 2 & 1 & -1 & 0 \end{array}\right) \xrightarrow[\text{2行から引く}]{\text{第1行×2を第}} \left(\begin{array}{ccc|c} 1 & -1 & 2 & 1 \\ 0 & 3 & -5 & -2 \end{array}\right)$

$$\xrightarrow[\text{第1行に加える}]{\text{第2行×1/3を}} \left(\begin{array}{ccc|c} 1 & 0 & \dfrac{1}{3} & \dfrac{1}{3} \\ 0 & 1 & -\dfrac{5}{3} & -\dfrac{2}{3} \end{array}\right)$$

これから，$x_1=\dfrac{1}{3}-\dfrac{1}{3}x_3$，$x_2=-\dfrac{2}{3}+\dfrac{5}{3}x_3$ (x_3 はパラメータ) となる．

(iii) $\left(\begin{array}{cc|c} 1 & -1 & c \\ -1 & 2 & -3 \\ 1 & -2 & 3 \\ -1 & 1 & -2 \end{array}\right) \longrightarrow \left(\begin{array}{cc|c} 1 & -1 & c \\ 0 & 1 & c-3 \\ 0 & -1 & 3-c \\ 0 & 0 & c-2 \end{array}\right) \longrightarrow \left(\begin{array}{cc|c} 1 & 0 & 2c-3 \\ 0 & 1 & c-3 \\ 0 & 0 & 0 \\ 0 & 0 & c-2 \end{array}\right)$

ここでどのような行変形を行なったかは，(3, 1)成分にある c が第3列の各行に現われている様子を見ればわかる．

これから，この方程式は $c=2$ のときだけ解をもち，解は $x_1=2c-3=1$，$x_2=c-3=-1$ となる．

例題 5.9 連立1次方程式 $A\boldsymbol{x}=\boldsymbol{c}$ が解をもつための必要十分条件は

$$\operatorname{rank}(A \mid \boldsymbol{c}) = \operatorname{rank} A$$

であることを示せ．

［解］ (5.16)を(5.17)の形に変形すると，$(A \mid \boldsymbol{c})$ は

$$\left(\begin{array}{cc|c} E_r & B & \begin{matrix} c_1' \\ \vdots \\ c_r' \end{matrix} \\ \hline O & O & \begin{matrix} c_{r+1}' \\ \vdots \\ c_m' \end{matrix} \end{array}\right) \tag{5.21}$$

と変形される．(5.16)が解をもつ必要十分条件は $(c_{r+1}', \cdots, c_m')=0$ である．$(c_{r+1}', c_{r+2}', \cdots, c_m')=0$ のとき，行列(5.21)の階数は $r=\operatorname{rank} A$ となる．また，この行列の階数が r のとき，左上の E_r の部分は行基本変形により変形できないので，$c_{r+1}'=c_{r+2}'=\cdots=c_m'=0$ でなければならない．これから，行列の階数が r であることは，(5.16)が解をもつための必要十分条件であることがわかる．

例題 5.10 2次元実ベクトル空間内で次の U は部分空間を作るか．

(i) $U=\left\{\begin{pmatrix}\alpha+1\\2\alpha+2\end{pmatrix}\middle|\,\alpha \text{ は任意の実数}\right\}$

(ii) $U=\left\{\begin{pmatrix}\alpha\\2\alpha\end{pmatrix}\middle|\,\alpha\geqq 0\right\}$

［解］ (i) 零ベクトル$(\alpha=-1)$がある．α,β を任意の実数とすると，U の2つのベクトルの和は

$$\begin{pmatrix}\alpha+1\\2\alpha+2\end{pmatrix}+\begin{pmatrix}\beta+1\\2\beta+2\end{pmatrix}=\begin{pmatrix}(\alpha+\beta+1)+1\\2(\alpha+\beta+1)+2\end{pmatrix}$$

となり，96ページの条件の(1)は成立．また，β を任意とすると

$$\beta\begin{pmatrix}\alpha+1\\2\alpha+2\end{pmatrix}=\begin{pmatrix}\gamma+1\\2\gamma+2\end{pmatrix}\qquad(\gamma=\beta(\alpha+1)-1)$$

と書けるので，96ページの条件(2)が成立する．これから U は部分空間となる．

(ii) スカラーとして -1 を考えると，$\alpha>0$ のとき

$$-\begin{pmatrix}\alpha\\2\alpha\end{pmatrix}=\begin{pmatrix}-\alpha\\2(-\alpha)\end{pmatrix}$$

は U に含まれない．これから U は部分空間とならない．

問　題 5-3

［1］ 次の行列の階数を求めよ．

(1) $\begin{pmatrix}1\\0\\1\end{pmatrix}$　　(2) $\begin{pmatrix}1 & 2\\-2 & 2\end{pmatrix}$　　(3) $\begin{pmatrix}1 & 0\\2 & 2\\3 & 2\end{pmatrix}$

(4) $\begin{pmatrix}a & 0 & b\\0 & c & 0\\d & 0 & 1\end{pmatrix}$　　(a, b, c, d は定数)

［2］ 次の方程式を解け．

(1) $\begin{pmatrix}1 & 2\\1 & 1\\1 & 3\end{pmatrix}\begin{pmatrix}x_1\\x_2\end{pmatrix}=\begin{pmatrix}4\\3\\5\end{pmatrix}$　　(2) $\begin{pmatrix}1 & 1 & 1\\1 & p & 1\\p & 1 & 0\end{pmatrix}\begin{pmatrix}x_1\\x_2\\x_3\end{pmatrix}=\begin{pmatrix}0\\0\\1\end{pmatrix}$

(3) $\begin{pmatrix}1 & 1 & \frac{1}{2} & 0\\1 & -1 & 2 & 2\\1 & 2 & -1 & -1\end{pmatrix}\begin{pmatrix}x_1\\x_2\\x_3\\x_4\end{pmatrix}=\begin{pmatrix}2\\5\\2\end{pmatrix}$

［3］ A は正方行列，P, Q はそれぞれ A の行基本行列，列基本行列であって，$PA=E$, $AQ=E$ とする．このとき

$$AP = E, \qquad QA = E$$

であることを示せ．

［4］ A を n 次正方行列とするとき，$|A|\neq 0$ は $\mathrm{rank}\,A=n$ と同等であることを証明せよ．

［5］ $m\times n$ 型行列 A $(m\geqq n)$ を n 個の m 次列ベクトル $\{\boldsymbol{a}_k\}$ $(k=1, 2, \cdots, n)$ で $A=(\boldsymbol{a}_1, \boldsymbol{a}_2, \cdots, \boldsymbol{a}_n)$ と表現したとき，$\{\boldsymbol{a}_k\}$ の1次独立なベクトルの個数を l とすると，$\mathrm{rank}\,A=l$ であることを証明せよ．

［6］ A を標準形に変換する行基本行列を P，列基本行列を Q とする．R, S を正則行列とするとき，RA または AS を標準形に変形する行基本行列および列基本行列をそれぞれ求めよ．

［7］ R は正則な m 次行列，S は正則な n 次行列，A は $m\times n$ 型行列とするとき

$$\mathrm{rank}\,(RAS) = \mathrm{rank}\,A$$

を証明せよ．

［8］ $m\times n$ 行列 A, B について

$$\mathrm{rank}\,(A+B) \leqq \mathrm{rank}\,A+\mathrm{rank}\,B$$

が成立することを示せ．

［9］ 3次元ベクトル空間において次式で与えられる部分空間 U の次元を求めよ．

(1)　$U=\left\{\boldsymbol{x}\left|\begin{pmatrix}1 & 0 & 2\\ 2 & -1 & 3\\ -1 & 1 & -1\end{pmatrix}\boldsymbol{x}=0\right.\right\}$

(2)　$U=\left\{\alpha\begin{pmatrix}1\\0\\1\end{pmatrix}+\beta\begin{pmatrix}1\\2\\0\end{pmatrix}+\gamma\begin{pmatrix}2\\2\\1\end{pmatrix}\right|\alpha,\beta,\gamma \text{ は任意の数}\Bigg\}$

(3)　$U=V\cap W$．ここで，$\boldsymbol{x}$ を3次元ベクトルとして

$$V=\{\boldsymbol{x}|x_1+x_2+x_3=0\},\qquad W=\{\boldsymbol{x}|x_1+2x_2+3x_3=0\}$$

［10］ n 次元実ベクトル空間の部分空間 V と W において，V の元 $\boldsymbol{v}$ と W の元 $\boldsymbol{w}$ の和全体がつくる空間を $V+W$ と書く．また，V と W に共に含まれるベクトルの全体がつくる空間を $V\cap W$ と書く．このとき

$$\dim(V+W)=\dim V+\dim W-\dim(V\cap W)$$

を示せ．

TIPS：　行列の表現は目的によって選べ

行列の計算をするとき，目的により表現を選ぶと都合がよい．2次正方行列

$$A=\begin{pmatrix}a & b\\ c & d\end{pmatrix}$$

の場合の例をあげよう．

(1) $A=a\begin{pmatrix}1 & 0\\ 0 & 0\end{pmatrix}+b\begin{pmatrix}0 & 1\\ 0 & 0\end{pmatrix}+c\begin{pmatrix}0 & 0\\ 1 & 0\end{pmatrix}+d\begin{pmatrix}0 & 0\\ 0 & 1\end{pmatrix}$

(2)　$A=\dfrac{1}{2}\begin{pmatrix}a & b+c\\ b+c & d\end{pmatrix}+\dfrac{1}{2}\begin{pmatrix}a & b-c\\ -b+c & d\end{pmatrix}$

(3)　$A=\begin{pmatrix}1 & 0\\ \dfrac{c}{a} & 1\end{pmatrix}\begin{pmatrix}1 & \dfrac{ab}{|A|}\\ 0 & 1\end{pmatrix}\begin{pmatrix}a & 0\\ 0 & \dfrac{|A|}{a}\end{pmatrix}$

(1)は行列単位の1次結合，(2)は対称行列と交代行列の和．(3)は三角行列と対角行列の積である．(3)は基本行列の積と考えてもよい．

分類の話

数学者は分類が好きである．例えば，ある問題の中に勝手な値をとるパラメータが含まれていてその値によって解が存在しなかったり，解を導く方法が変わったりするとき，このパラメータの値による分類が行なわれる．この分類が完成していれば，パラメータの値が定まった具体的な問題はどう扱えばよいかがわかることになる．

連立1次方程式では，係数行列をパラメータと見ることが多い．この章で述べたように係数行列の次元とランクによって解の存在，解の個数などが全部分類されたので，この問題は完全に解けたことになる．

1次変換や紐の結び方，振動などの力学現象も行列を使って分類することができる．第6章では行列を使って2次曲線の分類が行なわれる．

分類は新しい例をさがすためには大変役に立つ．いま人を次のように分類したとすると，ここに現われていないのはどんなタイプの人かすぐわかるであろう．

タイプ1　知っているのに知っている振りをする．

タイプ2　知っているのに知らない振りをする．

タイプ3　知らないのに知っている振りをする．

直交変換と固有値

行列やベクトルを使って問題を表現したあと１次変換などで数式を単純化することは，問題を解くうえで非常に大事なことである．ここでは，ベクトルの大きさを変えない直交変換を考える．このような変換によって問題のどんな部分が変わり，どんな部分が変わらないかを，固有値や２次形式を例として見ることにする．

6-1　直交変換

n 次正方行列 $U=\{u_{ij}\}$ が

$$U^{\mathrm{T}}U = E_n \tag{6.1}$$

をみたすとき，U を**直交行列**という．U による 1 次変換

$$\boldsymbol{x}' = U\boldsymbol{x} \tag{6.2}$$

($\boldsymbol{x}, \boldsymbol{x}'$ は n 次元ベクトル)を**直交変換**という．直交変換は $\boldsymbol{x}$ の大きさ $|\boldsymbol{x}|$ を変えない．実際，(6.1)式から

$$|\boldsymbol{x}'|^2 = \boldsymbol{x}'^{\mathrm{T}}\cdot\boldsymbol{x}' = \boldsymbol{x}^{\mathrm{T}}U^{\mathrm{T}}U\boldsymbol{x} = \boldsymbol{x}^{\mathrm{T}}\cdot\boldsymbol{x} = |\boldsymbol{x}|^2$$

$\boldsymbol{x}=0$ は $\boldsymbol{x}'=0$ に移されるから，U は n 次元空間で原点を中心とする回転か反転を表わすと考えられる．

2 次元($n=2$)のとき，(6.1)式を成分で書くと

$$u_{11}^2+u_{12}^2 = 1, \qquad u_{21}u_{11}+u_{22}u_{12} = 0, \qquad u_{21}^2+u_{22}^2 = 1$$

となり，θ を任意の定数として，2 つの解

$$U_{\mathrm{R}} = \begin{pmatrix} \cos\theta & -\sin\theta \\ \sin\theta & \cos\theta \end{pmatrix}, \quad U_{\mathrm{T}} = \begin{pmatrix} \cos\theta & \sin\theta \\ \sin\theta & -\cos\theta \end{pmatrix} \tag{6.3}$$

が得られる．U_{R} は第 2 章で扱ったように角 θ の回転を表わし，U_{T} は直線 $y=\left(\tan\dfrac{\theta}{2}\right)x$ に関して，点(x, y)をその対称点(x', y')に移す変換を表わす(問題 6-1[4])．$|U_{\mathrm{R}}|=1, |U_{\mathrm{T}}|=-1$ であることに注意しよう．

(6.1)式から，直交行列の必要十分条件として

$$U^{-1} = U^{\mathrm{T}} \tag{6.4}$$

が得られる．また，$|U^{\mathrm{T}}|=|U|$ なので，(6.1)式から $|U|^2=1$，したがって $|U|=\pm1$ である．

$|U|=1$ である直交行列による 1 次変換は n 次元空間内のベクトルの回転を表わし，$|U|=-1$ は n 次元ベクトルの反転(対称変換)を表わす．

例題 6.1 正方行列 U が直交行列であるための必要十分条件は，U の列ベクトルが正規直交系であることである．これを証明せよ．

［解］ $\boldsymbol{e}_k$ を第 k 成分だけが 1 で他の成分がすべて 0 である基本列ベクトル ($k=1, 2, \cdots, n$) とする．U の各列ベクトルは $\boldsymbol{u}_k = U\boldsymbol{e}_k$ と表わせる．U が直交行列であるとき，(6.1)式から

$$\boldsymbol{u}_k^{\mathrm{T}}\boldsymbol{u}_l = \boldsymbol{e}_k^{\mathrm{T}}U^{\mathrm{T}}U\boldsymbol{e}_l = \boldsymbol{e}_k^{\mathrm{T}}\boldsymbol{e}_l = \delta_{kl}$$

となり，$\{\boldsymbol{u}_k\}$ は正規直交系である．逆に $\{\boldsymbol{u}_k\}$ が正規直交系ならば，$\boldsymbol{u}_k = (u_{1k}, u_{2k}, \cdots, u_{nk})^{\mathrm{T}}$ と置くと

$$(U^{\mathrm{T}}U)_{ij} = \sum_{l=1}^{n} u_{li}u_{lj} = \boldsymbol{u}_i^{\mathrm{T}}\boldsymbol{u}_j = \delta_{ij}$$

となり，(6.1)式が成立する．

例題 6.2 次の行列が直交行列となるように a, b, c を決めよ．

(i) $\begin{pmatrix} \frac{1}{\sqrt{2}} & a \\ -\frac{1}{\sqrt{2}} & b \end{pmatrix}$ (ii) $\begin{pmatrix} \frac{1}{\sqrt{2}} & 0 & a \\ \frac{1}{\sqrt{3}} & b & \frac{1}{\sqrt{3}} \\ c & -\frac{2}{\sqrt{6}} & \frac{1}{\sqrt{6}} \end{pmatrix}$

［解］ (i) $\frac{1}{2}+a^2=1$, $-\frac{1}{\sqrt{2}}\left(\frac{1}{\sqrt{2}}\right)+ab=0$, $\left(-\frac{1}{\sqrt{2}}\right)^2+b^2=1$ より $a=b=\pm\frac{1}{\sqrt{2}}$.

(ii) 転置行列との積を作ると

$$\begin{pmatrix} \frac{1}{\sqrt{2}} & \frac{1}{\sqrt{3}} & c \\ 0 & b & -\frac{2}{\sqrt{6}} \\ a & \frac{1}{\sqrt{3}} & \frac{1}{\sqrt{6}} \end{pmatrix}\begin{pmatrix} \frac{1}{\sqrt{2}} & 0 & a \\ \frac{1}{\sqrt{3}} & b & \frac{1}{\sqrt{3}} \\ c & -\frac{2}{\sqrt{6}} & \frac{1}{\sqrt{6}} \end{pmatrix} = E_3$$

これから $a=-\frac{1}{\sqrt{2}}$, $b=\frac{1}{\sqrt{3}}$, $c=\frac{1}{\sqrt{6}}$ となる

例題 6.3 直交変換によって 2 つのベクトルの内積は変わらないことを示せ．また，2 つのベクトルのつくる角も変わらないことを示せ．

［解］ $\boldsymbol{x}'=U\boldsymbol{x}$，$\boldsymbol{y}'=U\boldsymbol{y}$ とすると

$$\boldsymbol{x}'^{\mathrm{T}}\cdot\boldsymbol{y}'=\boldsymbol{x}^{\mathrm{T}}U^{\mathrm{T}}U\boldsymbol{y}=\boldsymbol{x}^{\mathrm{T}}\cdot\boldsymbol{y}$$

したがって内積は変わらない．$\boldsymbol{x}$ と $\boldsymbol{y}$ のつくる角 θ は

$$\cos\theta=\frac{\boldsymbol{x}\cdot\boldsymbol{y}}{|\boldsymbol{x}||\boldsymbol{y}|}$$

で定義される．直交変換はベクトルの内積および大きさを変えないので，$\boldsymbol{x}'$ と $\boldsymbol{y}'$ のつくる角 θ' も変化しない．

$$\cos\theta'=\frac{\boldsymbol{x}'\cdot\boldsymbol{y}'}{|\boldsymbol{x}'||\boldsymbol{y}'|}=\frac{\boldsymbol{x}\cdot\boldsymbol{y}}{|\boldsymbol{x}||\boldsymbol{y}|}=\cos\theta$$

問 題 6-1

［1］ 次の行列が直交行列になるように定数 a, b の値を求めよ．

$$\begin{pmatrix} a & \dfrac{1}{2} \\ -\dfrac{1}{2} & b \end{pmatrix}$$

［2］ 2 次直交行列 U を小行列とする 3 次行列

$$\left(\begin{array}{cc|c} \multicolumn{2}{c|}{\multirow{2}{*}{U}} & 0 \\ & & 0 \\ \hline 0 & 0 & 1 \end{array}\right)$$

は直交行列であることを示せ．

［3］ 平面上の 1 点 $P(x, y)$ を固定し，座標系を原点のまわりに角 θ だけ回転させたものを $x'y'$ 座標系とする．点 P の x', y' 座標は x, y の直交変換であることを示せ．

［4］ $U_{\mathrm{T}}=\begin{pmatrix}\cos\theta & \sin\theta \\ \sin\theta & -\cos\theta\end{pmatrix}$ による 1 次変換 $\boldsymbol{x}'=U_{\mathrm{T}}\boldsymbol{x}$ は点 $\boldsymbol{x}$ を直線 $y=\left(\tan\dfrac{\theta}{2}\right)x$ に関して対称な点 $\boldsymbol{x}'$ に移すことを示せ．

［5］ 点 $P(x, y)$ を原点のまわりに角 θ だけ回転した後，原点を通る直線 $y=\left(\tan\dfrac{\varphi}{2}\right)x$ に関して対称な点に移す 1 次変換を与える行列を求めよ．

［6］ 次の行列は直交行列であることを確かめよ．

$$\begin{pmatrix} \cos\theta\cos\varphi & \sin\theta\cos\varphi & -\sin\varphi \\ \cos\theta\sin\varphi & \sin\theta\sin\varphi & \cos\varphi \\ -\sin\theta & \cos\theta & 0 \end{pmatrix}$$

6–2 固有値問題

独立変数を t，従属変数を x とする．1 階の微分方程式

$$\frac{d}{dt}x = kx$$

の解は，x_0 を任意の定数として $x=x_0e^{kt}$ と書ける．従属変数がベクトル $\boldsymbol{x}=(x_1, x_2, \cdots, x_n)^{\mathrm{T}}$ で，$A=(a_{ij})$ $(i, j=1, 2, \cdots, n)$ が定数行列のとき，微分方程式

$$\frac{d}{dt}\boldsymbol{x} = A\boldsymbol{x} \tag{6.5}$$

はどんな解をもつだろうか．ここで，

$$\frac{d\boldsymbol{x}}{dt} = \left(\frac{dx_1}{dt}, \frac{dx_2}{dt}, \cdots, \frac{dx_n}{dt}\right)^{\mathrm{T}}$$

とする．$\boldsymbol{r}=(r_1, r_2, \cdots, r_n)^{\mathrm{T}}$ をある定数ベクトル，λ をある定数として

$$\boldsymbol{x} = \boldsymbol{r}e^{\lambda t} \tag{6.6}$$

と置くと，(6.5)式より

$$A\boldsymbol{r} = \lambda\boldsymbol{r} \tag{6.7}$$

が得られる．(6.7)式は(6.5)式が(6.6)式の形の解をもつための必要条件である．(6.7)式は $\boldsymbol{r}$ と λ を決める方程式とみなせる．逆に(6.7)式をみたす $\boldsymbol{r}$ と λ を使うと，(6.6)式は(6.5)式の解となる．この λ を A の**固有値**，$\boldsymbol{r}$ を固有値 λ に対応する A の**固有ベクトル**という．与えられた A に対し，λ と $\boldsymbol{r}$ を求める問題が**固有値問題**である．

1 次方程式(6.7)式は E を n 次単位行列として

$$(A-\lambda E)\boldsymbol{r} = 0 \tag{6.8}$$

と書けるから，$\boldsymbol{r}\neq 0$ の解をもつための必要十分条件は

$$|A-\lambda E| = 0 \tag{6.9}$$

である．(6.9)式の左辺は λ の n 次の多項式であり，(6.9)式は**固有方程式**とよばれる．

第5章で述べたように，$\mathrm{rank}(A-\lambda E)=k$ のとき，(6.8)式の解は自由度 $n-k$ をもつ．この λ に対応する固有ベクトルは $n-k$ 個存在する．

固有値 λ は n 次代数方程式(6.9)式の根であるから，A の成分が全部実数であっても λ は実数とは限らない．λ が複素数であるときは，λ に対応する固有ベクトルも複素数を成分とする複素ベクトルとなる．

成分が実数である対称行列を**実対称行列**とよぶ．実対称行列の固有値は実数である(問題6-2 [5])．

複素行列　成分が実数だけの行列を考えてきたが，成分が複素数の行列について述べておこう．

行列 A の各成分をその複素共役に置きかえてできる行列を A の**共役行列**とよび，$\bar{A}$ で表わす．共役行列の定義から，次の性質は明らかである．

$$\bar{\bar{A}}=A, \quad \overline{A+B}=\bar{A}+\bar{B}, \quad \overline{AB}=\bar{A}\bar{B}, \quad \overline{\alpha A}=\bar{\alpha}\bar{A}$$

行列 A の共役行列 $\bar{A}$ を転置してできる行列 $\bar{A}^{\mathrm{T}}$ を**随伴行列**とよび，A^* で表わす．随伴行列は次の性質をもつ．

$$(A^*)^*=A, \quad (A+B)^*=A^*+B^*, \quad (AB)^*=B^*A^*, \quad (\alpha A)^*=\bar{\alpha}A^*$$

n 次行列 A が $A^*=A$ をみたすとき，A を**エルミート行列**という．成分がすべて実数ならば，エルミート行列は対称行列のことである．

n 次行列 A が $A^*=-A$ をみたすとき，A を**交代エルミート行列**という．成分がすべて実数ならば，交代エルミート行列は交代行列である．

n 次行列 A が $AA^*=A^*A=E_n$ をみたすとき，A を**ユニタリ行列**といい，成分がすべて実数のときは

$$AA^{\mathrm{T}}=A^{\mathrm{T}}A=E_n$$

となり，A は直交行列となる．

例題 6.4　次の行列の固有値と固有ベクトルを求めよ．

(i) $\begin{pmatrix} 1 & 1 \\ 1 & 1 \end{pmatrix}$　　(ii) $\begin{pmatrix} 1 & 1 \\ 0 & 1 \end{pmatrix}$

［解］ (i)　固有方程式は

$$\begin{vmatrix} 1-\lambda & 1 \\ 1 & 1-\lambda \end{vmatrix} = \lambda(\lambda-2) = 0$$

なので，固有値は $\lambda=0$ と $\lambda=2$．$\lambda=0$ に対応する固有ベクトル $\boldsymbol{r}_1$ は

$$\begin{pmatrix} 1-0 & 1 \\ 1 & 1-0 \end{pmatrix}\boldsymbol{r}_1 = 0$$

より $\boldsymbol{r}_1=(1, -1)^{\mathrm{T}}$．$\lambda=2$ に対応する固有ベクトルは

$$\begin{pmatrix} 1-2 & 1 \\ 1 & 1-2 \end{pmatrix}\boldsymbol{r}_2 = 0$$

より，$\boldsymbol{r}_2=(1, 1)^{\mathrm{T}}$ となる．

(ii)　固有方程式は

$$\begin{vmatrix} 1-\lambda & 1 \\ 0 & 1-\lambda \end{vmatrix} = (1-\lambda)^2 = 0$$

固有値は $\lambda=1$ (重根)．$\lambda=1$ に対応する固有ベクトルを $\boldsymbol{r}_1$ とする．係数行列

$$\begin{pmatrix} 1-1 & 1 \\ 0 & 1-1 \end{pmatrix}$$

の階数は 1 であるので，固有ベクトルの個数は $2-1=1$ となる．$\boldsymbol{r}_1=(1, 0)^{\mathrm{T}}$ である．

TIPS：　固有ベクトルとは？

固有値や固有ベクトルは，初めて勉強する人にはわかりにくいようである．行列 A の固有値 λ と λ に対応する固有ベクトルを $\boldsymbol{r}_\lambda$ とするとき，A による 1 次変換を考えると，関係式

$$A\boldsymbol{r}_\lambda = \lambda\boldsymbol{r}_\lambda$$

は，1 次変換によりベクトルの方向が変わらないことを表わしている．任意の固定したベクトル $\boldsymbol{x}^{(0)}$ に n 回この変換を行なった結果を

$$\boldsymbol{x}^{(n)} = A^n\boldsymbol{x}^{(0)}$$

と書くと，$n\to\infty$ のとき $\boldsymbol{x}^{(n)}$ は $\boldsymbol{r}_\lambda$ に平行になることがわかる．多数回の変換を行なうと，任意のベクトルは固有ベクトルに向かって動くのである．

例題 6.5　A を2次正則行列とする．平面上の1次変換

$$\boldsymbol{x}' = A\boldsymbol{x}$$

が2つの独立なベクトル $\boldsymbol{a}, \boldsymbol{b}$ の方向を変えないで，$\boldsymbol{a}$ を α 倍，$\boldsymbol{b}$ を β 倍するとき，A を $\boldsymbol{a}, \boldsymbol{b}, \alpha, \beta$ で表わせ．

［解］　条件から $A\boldsymbol{a}=\alpha\boldsymbol{a}, A\boldsymbol{b}=\beta\boldsymbol{b}$ であるから

$$A(\boldsymbol{a}, \boldsymbol{b}) = (\alpha\boldsymbol{a}, \beta\boldsymbol{b}) = (\boldsymbol{a}, \boldsymbol{b})\begin{pmatrix}\alpha & 0 \\ 0 & \beta\end{pmatrix}$$

$\boldsymbol{a}, \boldsymbol{b}$ は独立なので $|\boldsymbol{a}, \boldsymbol{b}| \neq 0$．したがって

$$A = (\boldsymbol{a}, \boldsymbol{b})\begin{pmatrix}\alpha & 0 \\ 0 & \beta\end{pmatrix}(\boldsymbol{a}, \boldsymbol{b})^{-1}$$

となる．α, β は A の固有値であり，$|A|=\alpha\beta$ となることに注意しよう．

例題 6.6　A を n 次対称行列とする．A の固有値 $\lambda_k\,(k=1, 2, \cdots, n)$ が異なる $(\lambda_k \neq \lambda_l)$ とき，λ_k, λ_l に対応する固有ベクトル $\boldsymbol{r}_k, \boldsymbol{r}_l$ は直交することを示せ．

［解］　$\boldsymbol{r}_k, \boldsymbol{r}_l$ は

$$A\boldsymbol{r}_k = \lambda_k\boldsymbol{r}_k, \qquad A\boldsymbol{r}_l = \lambda_l\boldsymbol{r}_l$$

をみたす．これから

$$\boldsymbol{r}_l^{\mathrm{T}}A\boldsymbol{r}_k = \lambda_k\boldsymbol{r}_l^{\mathrm{T}}\boldsymbol{r}_k, \qquad \boldsymbol{r}_k^{\mathrm{T}}A\boldsymbol{r}_l = \lambda_l\boldsymbol{r}_k^{\mathrm{T}}\boldsymbol{r}_l \tag{6.10}$$

一方，$A=A^{\mathrm{T}}$ を使うと

$$(\boldsymbol{r}_l^{\mathrm{T}}A\boldsymbol{r}_k)^{\mathrm{T}} = \boldsymbol{r}_k^{\mathrm{T}}A^{\mathrm{T}}\boldsymbol{r}_l = \boldsymbol{r}_k^{\mathrm{T}}A\boldsymbol{r}_l$$

(6.10)式を代入すると，これから

$$\lambda_k(\boldsymbol{r}_l^{\mathrm{T}}\boldsymbol{r}_k)^{\mathrm{T}} = \lambda_l\boldsymbol{r}_k^{\mathrm{T}}\boldsymbol{r}_l$$

$$\therefore\quad (\lambda_k-\lambda_l)\boldsymbol{r}_k^{\mathrm{T}}\boldsymbol{r}_l = 0$$

$\lambda_k \neq \lambda_l$ だから

$$\boldsymbol{r}_k^{\mathrm{T}}\boldsymbol{r}_l = \boldsymbol{0}$$

となる．

直交するベクトルは1次独立であるから，例題6.6から，互いに異なる固有値に対応する固有ベクトルは1次独立であることがわかる．

例題 6.7　次の行列の名称をいえ(i は虚数単位).

(i) $\begin{pmatrix} 1 & -i \\ i & 1 \end{pmatrix}$　　(ii) $\begin{pmatrix} i & -1 \\ 1 & -i \end{pmatrix}$　　(iii) $\begin{pmatrix} 0 & -i \\ i & 0 \end{pmatrix}$

［解］ (i)　$A=\begin{pmatrix} 1 & -i \\ i & 1 \end{pmatrix}$とすると，$\bar{A}=\begin{pmatrix} 1 & i \\ -i & 1 \end{pmatrix}$，$A^*=\begin{pmatrix} 1 & -i \\ i & 1 \end{pmatrix}$

ゆえに，$A^*=A$ なのでエルミート行列.

(ii)　$A=\begin{pmatrix} i & -1 \\ 1 & -i \end{pmatrix}$，$\bar{A}=\begin{pmatrix} -i & -1 \\ 1 & i \end{pmatrix}$，$A^*=\begin{pmatrix} -i & 1 \\ -1 & i \end{pmatrix}$

$A^*=-A$ なので交代エルミート行列.

(iii)　$A=\begin{pmatrix} 0 & -i \\ i & 0 \end{pmatrix}$，$\bar{A}=\begin{pmatrix} 0 & i \\ -i & 0 \end{pmatrix}$，$A^*=\begin{pmatrix} 0 & -i \\ i & 0 \end{pmatrix}$

$A^*=A$ なのでエルミート行列である．また $AA^*=E$ も成立するのでユニタリ行列でもある.

例題 6.8　次の行列の固有値と固有ベクトルを求めよ.

(i) $\begin{pmatrix} 1 & -i \\ i & 1 \end{pmatrix}$　　(ii) $\begin{pmatrix} \cos\theta & \sin\theta \\ \sin\theta & -\cos\theta \end{pmatrix}$

(iii) $\begin{pmatrix} 1 & 0 & 1 \\ 1 & 1 & 0 \\ 0 & 0 & 0 \end{pmatrix}$　　(iv) $\begin{pmatrix} 0 & 1 & 1 \\ 1 & 0 & 1 \\ 1 & 1 & 0 \end{pmatrix}$

［解］ (i)　固有方程式は

$$\begin{vmatrix} 1-\lambda & -i \\ i & 1-\lambda \end{vmatrix} = \lambda(\lambda-2) = 0$$

$\lambda=0$ に対応する固有ベクトルは$(i, 1)$．$\lambda=2$ に対応する固有ベクトルは$(-i, 1)$.

(ii)　固有方程式は

$$\begin{vmatrix} \cos\theta-\lambda & \sin\theta \\ \sin\theta & -\cos\theta-\lambda \end{vmatrix} = \lambda^2-1 = 0$$

$\lambda=\pm1$ に対応した固有ベクトルは $(-\sin\theta/(\cos\theta\mp1), 1)$，(複号同順).

(iii)　固有方程式は

$$\begin{vmatrix} 1-\lambda & 0 & 1 \\ 1 & 1-\lambda & 0 \\ 0 & 0 & -\lambda \end{vmatrix} = -\lambda(\lambda-1)^2 = 0$$

固有ベクトルは$\lambda=0$に対応して$(1,\ -1,\ -1)$．$\lambda=1$（重根）に対応して$(0,1,0)$．$\lambda=1$に対応する固有ベクトルの空間（固有空間）は1次元である．

(iv)　固有方程式は

$$\begin{vmatrix} -\lambda & 1 & 1 \\ 1 & -\lambda & 1 \\ 1 & 1 & -\lambda \end{vmatrix} = -(\lambda+1)^2(\lambda-2) = 0$$

$\lambda=2$に対して固有ベクトルは$(1,1,1)$．$\lambda=-1$に対して固有ベクトルは$(r_1, r_2, -r_1-r_2)$．固有空間は2次元で$(1,0,\ -1)$と$(0,1,\ -1)$の1次結合で表わせる．

問　題 6-2

[1]　次の行列の固有値と固有ベクトルを求めよ．

(1)　$\begin{pmatrix} 2 & 5 \\ 4 & 3 \end{pmatrix}$　　(2)　$\begin{pmatrix} 1 & 2 \\ 0 & 1 \end{pmatrix}$　　(3)　$\begin{pmatrix} 1 & 1 & 2 \\ 0 & 2 & 2 \\ -1 & 1 & 3 \end{pmatrix}$　　(4)　$\begin{pmatrix} 1 & 1 & 1 \\ 0 & 1 & 0 \\ 0 & 0 & 1 \end{pmatrix}$

[2]　次の行列の固有値と固有ベクトルを求めよ．

(1)　$\begin{pmatrix} \cos\theta & -\sin\theta \\ \sin\theta & \cos\theta \end{pmatrix}$　　(2)　$\begin{pmatrix} 1 & 0 & -2 \\ 3 & 1 & 2 \\ 1 & 0 & 1 \end{pmatrix}$

[3]　Aの転置行列はAと同じ固有値をもつことを示せ．

[4]　Pを正則行列とするとき，$P^{-1}AP$はAと同じ固有値をもつことを示せ．

[5]　エルミート行列の固有値は実数である（したがって対称行列の固有値は実数である）ことを示せ．

[6]　Aをn次正方行列（対称行列とは限らない）とする．Aの異なる固有値に対応する固有ベクトルは1次独立である．$n=3$の場合についてこのことを確かめよ．

[7]　xをtの関数とするとき，2階微分方程式

$$\frac{d^2}{dt^2}x = -\omega^2 x \qquad (\omega \text{ は定数})$$

はバネや振子の運動を表わす．$v=x'$と書くと，上の方程式は1階の連立微分方程式に書き直せる．

$$\frac{d}{dt}x = v, \qquad \frac{d}{dt}v = -\omega^2 x$$

$\boldsymbol{x}=(x, v)$とおくと，この方程式は(6.5)式の形になる．解を(6.6)式の形に仮定して，この方程式を解け．

6–3　行列の対角化

n 次行列 A, A' と n 次正則行列 P が

$$A' = P^{-1}AP \tag{6.11}$$

をみたすとき，A と A' は互いに**相似な行列**であるという．とくに，A' が対角行列であるとき，A は**対角化可能**であるという．対角化は行列表現を単純にするので，いろいろな問題で利用される．

実対称行列の対角化　　A が実対称行列の場合を考えよう．A の固有値 λ_k $(k=1, 2, \cdots, n)$ がすべて異なるときは，対応する固有ベクトル $\boldsymbol{r}_k$ は互いに直交する(例題 6–6)．各 $\boldsymbol{r}_k$ の大きさを 1 に規格化し，第 k 列に置いた行列 $P=(\boldsymbol{e}_1, \boldsymbol{e}_2, \cdots, \boldsymbol{e}_n)$ は直交行列であり，

$$AP = P\Lambda_n$$

$$\Lambda_n = \begin{pmatrix} \lambda_1 & & & 0 \\ & \lambda_2 & & \\ & & \ddots & \\ 0 & & & \lambda_n \end{pmatrix} \tag{6.12}$$

をみたすから

$$P^{-1}AP = \Lambda_n \tag{6.13}$$

が得られる．実は，A が実対称行列のとき，A の固有値が等しくても $(\lambda_k=\lambda_l)$，対応する固有ベクトルを 1 次独立であるように選ぶことができる．したがって，実対称行列はいつでも直交行列で対角化できる．

対角化の必要十分条件　　一般の n 次行列 A が対角化できるための必要十分条件を示しておく．

A を n 次行列，$\lambda_1, \lambda_2, \cdots, \lambda_s$ $(s \leqq n)$ を A の異なる固有値，$m_1, m_2, \cdots, m_s$ をそれぞれ対応する固有値の重複度とする $(m_1+m_2+\cdots+m_s=n)$．このとき，各 $i=1, 2, \cdots, s$ について

$$\mathrm{rank}\,(A-\lambda_i E) = n-m_i \tag{6.14}$$

が成立することが A が対角化できる必要十分条件である.

条件(6.14)は固有値 λ_i に対応する固有ベクトルの自由度 $n-\mathrm{rank}(A-\lambda_i E)$, したがって1次独立な固有ベクトルの個数が重複度 m_i に等しいことを表わしている.

とくに, A の固有値 r_k が単根($m_k=1$) であるとき $\mathrm{rank}(A-\lambda_k E)=n-1$ であることが証明できるので, (6.14)式が成立する. したがって, A の固有値がすべて単根ならば, A は対角化可能である.

対角化を実現する行列　A が対角化可能であるとき, それを実現する行列 P は

$$(A-\lambda_i)\boldsymbol{r}_i = 0 \qquad (i=1,2,\cdots,s)$$

の各 i に対する基本解 $\boldsymbol{r}_i{}^{(j)}$ $(j=1,2,\cdots,m_i)$ を列ベクトルとする行列である. P は必ずしも直交行列でなくてもよい.

$$P = (\boldsymbol{r}_1^{(1)}, \boldsymbol{r}_1^{(2)}, \cdots, \boldsymbol{r}_1^{(m_1)}, \boldsymbol{r}_2^{(1)}, \cdots, \boldsymbol{r}_s^{(m_s)}) \tag{6.15}$$

対角化の有用性　行列の対角化は行列計算を単純にするだけでなく, 固有値問題や2次形式の分類など代数系の特徴を取り出すためにも有用な手段である. 例えば, 2元1階連立微分方程式

$$\frac{d\boldsymbol{x}}{dt} = A\boldsymbol{x} \qquad \left(\boldsymbol{x}=\begin{pmatrix} x_1 \\ x_2 \end{pmatrix},\ A=\begin{pmatrix} a & b \\ c & d \end{pmatrix}\right)$$

の係数が相似変換により $P^{-1}AP=\begin{pmatrix} \lambda_1 & 0 \\ 0 & \lambda_2 \end{pmatrix}$ と対角化されると, $\boldsymbol{x}'=P^{-1}\boldsymbol{x}$ についての方程式は独立な2つの方程式

$$\frac{dx'_1}{dt} = \lambda_1 x'_1, \qquad \frac{dx'_2}{dt} = \lambda_2 x'_2$$

に分けられる. これを解くことは $\boldsymbol{x}$ についての微分方程式を直接解くことよりずっとやさしい. さらに $\boldsymbol{x}$ の変化が2つの独立な変動の1次結合であることがわかる.

例題 6.9 次の行列は対角化可能か否かを判定し，対角化可能ならば対角化せよ．

(i) $\begin{pmatrix} 2 & 1 \\ 1 & 2 \end{pmatrix}$ (ii) $\begin{pmatrix} 1 & -1 \\ 0 & 2 \end{pmatrix}$ (iii) $\begin{pmatrix} 1 & -1 \\ 1 & 1 \end{pmatrix}$ (iv) $\begin{pmatrix} 1 & 1 \\ 0 & 1 \end{pmatrix}$

［解］ (i) 対称行列なので対角化できる．実際，固有値を λ とすると，固有方程式は

$$\begin{vmatrix} 2-\lambda & 1 \\ 1 & 2-\lambda \end{vmatrix} = \lambda^2-4\lambda+3 = (\lambda-1)(\lambda-3) = 0$$

$\lambda=1$ に対応する固有ベクトルは $\boldsymbol{r}_1=(1, -1)^T$，$\lambda=3$ に対応する固有ベクトルは $\boldsymbol{r}_3=(1, 1)^T$ なので

$$P = (\boldsymbol{r}_1, \boldsymbol{r}_3) = \begin{pmatrix} 1 & 1 \\ -1 & 1 \end{pmatrix}, \qquad P^{-1} = \frac{1}{2}\begin{pmatrix} 1 & -1 \\ 1 & 1 \end{pmatrix}$$

これから

$$P^{-1}\begin{pmatrix} 2 & 1 \\ 1 & 2 \end{pmatrix}P = \begin{pmatrix} 1 & 0 \\ 0 & 3 \end{pmatrix}$$

となる．P の各列ベクトルの大きさを 1 に規格化すれば直交行列となるが，対角化のためにはその必要はない．

(ii) 固有方程式

$$\begin{vmatrix} 1-\lambda & -1 \\ 0 & 2-\lambda \end{vmatrix} = (\lambda-1)(\lambda-2) = 0$$

より，固有値 $\lambda_1=1$，$\lambda_2=2$ が得られ，どちらも単根なので対角化できる．$\lambda=1$ に対応する固有ベクトル $\boldsymbol{r}_1=(1, 0)$，$\lambda=2$ に対応する固有ベクトル $\boldsymbol{r}_2=(1, -1)$ から

$$P = \begin{pmatrix} 1 & 1 \\ 0 & -1 \end{pmatrix}, \qquad P^{-1} = \begin{pmatrix} 1 & 1 \\ 0 & -1 \end{pmatrix}$$

$$P^{-1}\begin{pmatrix} 1 & -1 \\ 0 & 2 \end{pmatrix}P = \begin{pmatrix} 1 & 0 \\ 0 & 2 \end{pmatrix}$$

(iii) 固有方程式は

$$\begin{vmatrix} 1-\lambda & -1 \\ 1 & 1-\lambda \end{vmatrix} = \lambda^2-2\lambda+2 = 0$$

これは実根をもたないので，実数の固有値は存在しない．複素数まで考えると，$\lambda_1=1+i$，$\lambda_2=1-i$ が固有値となる．λ_1 に対応する固有ベクトル $\boldsymbol{r}_1$ は

$$\begin{pmatrix} 1-\lambda_1 & -1 \\ 1 & 1-\lambda_1 \end{pmatrix}\boldsymbol{r}_1 = \begin{pmatrix} -i & -1 \\ 1 & -i \end{pmatrix}\boldsymbol{r}_1 = 0 \qquad (i^2=-1)$$

より $\boldsymbol{r}_1=(i,1)$，同様に λ_2 に対応する固有ベクトルは $\boldsymbol{r}_2=(-i,1)$ となる．これから

$$P=\begin{pmatrix} i & -i \\ 1 & 1 \end{pmatrix}, \qquad P^{-1}=\frac{1}{2i}\begin{pmatrix} 1 & i \\ -1 & i \end{pmatrix}$$

により

$$P^{-1}\begin{pmatrix} 1 & -1 \\ 1 & 1 \end{pmatrix}P=\begin{pmatrix} 1+i & 0 \\ 0 & 1-i \end{pmatrix}$$

が得られる．

(iv)　固有方程式は

$$\begin{vmatrix} 1-\lambda & 1 \\ 0 & 1-\lambda \end{vmatrix}=(1-\lambda)^2=0$$

で，$\lambda=1$ は重根である．したがって，$n-m=0$．一方

$$\mathrm{rank}\begin{pmatrix} 1-1 & 1 \\ 0 & 1-1 \end{pmatrix}=1$$

なので(6.14)式が成立しない．ゆえに，これは対角化できない．

例題 6.10　次の行列を対角化せよ．

(i)　$A=\begin{pmatrix} 0 & -1 & -1 \\ -1 & 1 & 0 \\ -1 & 0 & 1 \end{pmatrix}$　　　(ii)　$A=\begin{pmatrix} 0 & 1 & 1 \\ 1 & 0 & 1 \\ 1 & 1 & 0 \end{pmatrix}$

[解]　(i)　対称行列であるから対角化できる．固有方程式は

$$\begin{vmatrix} -\lambda & -1 & -1 \\ -1 & 1-\lambda & 0 \\ -1 & 0 & 1-\lambda \end{vmatrix}=-(\lambda+1)(\lambda-1)(\lambda-2)=0$$

$\lambda=-1,1,2$ に対応する固有ベクトルはそれぞれ

$$r_{-1}=(2,1,1), \qquad r_1=(0,1,-1), \qquad r_2=(1,-1,-1)$$

であるから，A を対角化する行列は

$$P=\begin{pmatrix} 2 & 0 & 1 \\ 1 & 1 & -1 \\ 1 & -1 & -1 \end{pmatrix}$$

となり

$$P^{-1}AP=\begin{pmatrix} -1 & 0 & 0 \\ 0 & 1 & 0 \\ 0 & 0 & 2 \end{pmatrix}$$

と対角化される.

(ii) 固有値と固有ベクトルは例題6. 8の(iv)で求めている. $\lambda=2$ に対し $r_2=(1,\ 1,\ 1)$, $\lambda=-1$ に対しては2つあり, $(1,\ 0,\ -1)$ と $(0,\ 1,\ -1)$ である. これから A を対角化する行列は

$$P=\begin{pmatrix}1 & 1 & 0\\ 1 & 0 & 1\\ 1 & -1 & -1\end{pmatrix}$$

で与えられ

$$P^{-1}AP=\begin{pmatrix}2 & 0 & 0\\ 0 & -1 & 0\\ 0 & 0 & -1\end{pmatrix}$$

となる.

問 題6-3

[1] 次の行列で対角化できるものを対角化せよ.

(1) $\begin{pmatrix} 1 & 2 \\ 2 & 3 \end{pmatrix}$　　(2) $\begin{pmatrix} 1 & 4 \\ 1 & -2 \end{pmatrix}$

(3) $\begin{pmatrix} 2 & 0 \\ 1 & 2 \end{pmatrix}$　　(4) $\begin{pmatrix} 3 & -2 & 4 \\ 0 & 1 & 3 \\ 0 & 0 & -2 \end{pmatrix}$

(5) $\begin{pmatrix} 1 & -1 & -1 \\ -1 & 0 & 0 \\ -1 & 0 & 0 \end{pmatrix}$　　(6) $\begin{pmatrix} 3 & -2 & 1 \\ 2 & -1 & 1 \\ -2 & 2 & 0 \end{pmatrix}$

[2] 行列$\begin{pmatrix} a & b \\ c & d \end{pmatrix}$の対角化を考えよ.

[3] n 次対称行列 A の固有多項式を $\varphi(\lambda)=|A-\lambda E|=\sum_{k=0}^{n} a_k\lambda^k$ とする. λ を行列 A で置きかえた行列の多項式

$$\varphi(A) = a_nA^n+a_{n-1}A^{n-1}+\cdots+a_1A+a_0E$$

は零行列 $\varphi(A)=O$ であることを証明せよ. (A が任意の n 次行列であっても $\varphi(A)=O$ となることが証明できる. これを**ケーリー-ハミルトンの定理**という).

[4] n 次行列 A の固有値を $\lambda_1, \lambda_2, \cdots, \lambda_n$ とするとき, ケーリー-ハミルトンの定理の係数について次の式を証明せよ.

(1) $a_n=(-1)^n$

(2) $a_{n-1}=(-1)^{n-1}(\lambda_1+\lambda_2+\cdots+\lambda_n)$

(3) $a_0=|A|=\lambda_1\lambda_2\cdots\lambda_n$

6–4　2次形式

n 次行列 A と n 次ベクトル $\boldsymbol{x}$ でつくったスカラー

$$\Phi = \boldsymbol{x}^{\mathrm{T}} A \boldsymbol{x} = \sum_{i,j=1}^{n} x_i a_{ij} x_j \tag{6.16}$$

を $\boldsymbol{x}$ の**2次形式**という．2次形式は2次曲線，2次曲面や力学エネルギーを表わすのに使われる．$i \neq j$ のとき，$x_i x_j$ の係数は $a_{ij}+a_{ji}$ となり i と j の入れ替えで変わらないので，A は対称行列と仮定してよい．このとき $a_{ij}+a_{ji}=2a_{ij}$ である．

$\boldsymbol{b}$ を n 次定ベクトル，c を定数とすると

$$\Phi + 2\boldsymbol{b}^{\mathrm{T}}\boldsymbol{x} + c = 0 \tag{6.17}$$

は n 次元空間の2次曲面を表わす．

2次形式の標準形　A を対角化する直交行列 P を使って

$$\boldsymbol{y} = P^{-1}\boldsymbol{x} \qquad (P^{-1}AP = \Lambda_n)$$

と置くと，Φ は

$$\Phi = (P\boldsymbol{y})^{\mathrm{T}} A P \boldsymbol{y} = \boldsymbol{y}^{\mathrm{T}} \Lambda_n \boldsymbol{y} \tag{6.18}$$

と変換される．ここで $r = \operatorname{rank} A$ とすれば，Λ_n は

$$\Lambda_n = \begin{pmatrix} \lambda_1 & & & & & \\ & \ddots & & & 0 & \\ & & \lambda_r & & & \\ & & & 0 & & \\ & 0 & & & \ddots & \\ & & & & & 0 \end{pmatrix}$$

と書ける．$\lambda_k\ (k=1, 2, \cdots, r)$ は0でない A の固有値である．(6.18)式から Φ を $\boldsymbol{y}$ で表わすと

$$\Phi(\boldsymbol{y}) = \lambda_1 y_1^2 + \lambda_2 y_2^2 + \cdots + \lambda_r y_r^2 \tag{6.19}$$

となる．これを Φ の**標準形**という．

$\boldsymbol{b}' = P^{\mathrm{T}}\boldsymbol{b}$ とおくと，(6.17)式は，(6.19)式を使って

$$\sum_{k=1}^{r} \lambda_k y_k^2 + 2\sum_{k=1}^{n} b_k' y_k + c = 0$$

と書き直せる．さらに，$\boldsymbol{y}$ から $\boldsymbol{z}=\boldsymbol{y}-\boldsymbol{d}$ ($\boldsymbol{d}$ は定ベクトル)へと平行移動すると

$$\sum_{k=1}^{r}\lambda_k z_k^2+2\sum_{k=1}^{r}(\lambda_k d_k+b'_k)z_k+2\sum_{k=r+1}^{n}b'_k z_k$$
$$+\sum_{k=1}^{r}\lambda_k d_k^2+2\sum_{k=1}^{n}b'_k d_k+c=0 \qquad (6.20)$$

となる．d_k を適当に選ぶことによって(6.20)を2次曲面の標準形に変形できる．$n=2$ の場合，標準形は，$r=2$ のとき

$$\lambda_1 z_1^2+\lambda_2 z_2^2+p=0 \qquad (p \text{ は定数})$$

または，$r=1$ のとき

$$\lambda_1 z_1^2+2qz_2=0 \qquad (q \text{ は定数})$$

である．$\lambda_1, \lambda_2, p, q$ の値によって，これらの曲線は楕円，双曲線，2直線，1点，放物線または空集合を表わす．

I.　$r=2$ のとき

(1)　$\lambda_1>0$，$\lambda_2>0$ で $p<0$　なら　楕円

(2)　$\lambda_1>0$，$\lambda_2>0$ で $p=0$　なら　1点 $(0, 0)$

(3)　$\lambda_1>0$，$\lambda_2>0$ で $p>0$　なら　空集合(z_1, z_2 は存在しない)．

(4)　$\lambda_1>0$，$\lambda_2<0$ で $p\neq 0$　なら　双曲線

(5)　$\lambda_1>0$，$\lambda_2<0$ で $p=0$　なら　2直線(交わる)

(6)　$\lambda_1=0$，$\lambda_2>0$ で $p<0$　なら　平行な2直線

(7)　$\lambda_1=0$，$\lambda_2>0$ で $p=0$　なら　1直線

(8)　$\lambda_1=0$，$\lambda_2>0$ で $p>0$　なら　空集合

II.　$r=1$ のとき

(1)　$\lambda_1 q\neq 0$　なら　放物線

(2)　$\lambda_1\neq 0$，$q=0$　なら　1直線(z_2 軸)

などとなる．これらを**2次曲線の標準形**という．

例題 6.11　次の2次曲線を標準形に変形せよ．

(i)　$2x_1^2+2x_1x_2+2x_2^2+2x_1-2x_2+c=0$

(ii)　$x_1^2-2x_1x_2-2x_1x_3+x_1-x_2+x_3+1=0$

［解］ (i)　2次の項は対称行列によって

$$\Phi = (x_1, x_2)\begin{pmatrix} 2 & 1 \\ 1 & 2 \end{pmatrix}\begin{pmatrix} x_1 \\ x_2 \end{pmatrix}$$

と書けるので，行列 $P=\frac{1}{\sqrt{2}}\begin{pmatrix} 1 & 1 \\ -1 & 1 \end{pmatrix}$ によって対角化される．$\boldsymbol{x}=P\boldsymbol{y}(\boldsymbol{y}=(y_1, y_2)^{\mathrm{T}})$ とおくと，与式は

$$y_1^2+3y_2^2+2\sqrt{2}\,y_1+c = 0$$

平行移動 $\boldsymbol{y}=\boldsymbol{z}+\boldsymbol{d}$ ($\boldsymbol{z}=(z_1, z_2)^{\mathrm{T}}$, $\boldsymbol{d}=(d_1, d_2)^{\mathrm{T}}$) を行なうと

$$z_1^2+3z_2^2+2(d_1+\sqrt{2})z_1+6d_2z_2+d_1^2+3d_2^2+2\sqrt{2}\,d_1+c = 0$$

$d_1=-\sqrt{2}, d_2=0$ と決めると，z_1z_2 平面上の標準形となる．

$$z_1^2+3z_2^2-2+c = 0$$

これから，$c<2$ ならば楕円，$c=2$ ならば原点$(0, 0)$，$c>2$ ならば空集合を表わす．

(ii)　2次の項は対称行列により

$$\Phi = (x_1, x_2, x_3)\begin{pmatrix} 1 & -1 & -1 \\ -1 & 0 & 0 \\ -1 & 0 & 0 \end{pmatrix}\begin{pmatrix} x_1 \\ x_2 \\ x_3 \end{pmatrix}$$

と表わせる．固有値 $0, -1, 2$ に対応する直交行列

$$P = \frac{1}{\sqrt{6}}\begin{pmatrix} 0 & \sqrt{2} & 2 \\ -\sqrt{3} & \sqrt{2} & -1 \\ \sqrt{3} & \sqrt{2} & -1 \end{pmatrix}$$

を使って，$\boldsymbol{x}=P\boldsymbol{y}$ ($\boldsymbol{y}=(y_1, y_2, y_3)^{\mathrm{T}}$) とおくと，与式は

$$-y_2^2+2y_3^2+\sqrt{2}\,y_1+\frac{\sqrt{3}}{3}y_2+\frac{\sqrt{6}}{3}y_3+1 = 0$$

となる．平行移動 $(y_1, y_2, y_3)^{\mathrm{T}}=(z_1, z_2, z_3)^{\mathrm{T}}+\left(-\frac{1}{\sqrt{2}}, \frac{1}{2\sqrt{3}}, -\frac{1}{2\sqrt{6}}\right)^{\mathrm{T}}$ を行なうと

$$\sqrt{2}\,z_1-z_2^2+2z_3^2 = 0$$

となる．この曲面は $z_1z_2z_3$ 空間で**双曲放物面**とよばれる曲面を表わす．

例題 6.12 条件 $x_1{}^2+x_2{}^2=1$ のもとで,

$$\Phi = x_1{}^2+4x_1x_2-2x_2{}^2-4$$

の最小値を求めよ.

[解] $\Phi = (x_1, x_2)\begin{pmatrix}1 & 2\\ 2 & -2\end{pmatrix}\begin{pmatrix}x_1\\ x_2\end{pmatrix}-4$

において,

$$\begin{pmatrix}1 & 2\\ 2 & -2\end{pmatrix}$$

を対角化する行列は固有値 $\lambda=2, -3$ に対応して

$$P = \frac{1}{\sqrt{5}}\begin{pmatrix}2 & -1\\ 1 & 2\end{pmatrix}$$

となる. P を直交行列に選んでいるので, $|\boldsymbol{x}|^2$ の大きさは変わらない. こうして問題は, 条件 $|\boldsymbol{x}'|^2=1$ のもとで

$$\begin{aligned}\Phi' &= (x'_1, x'_2)\begin{pmatrix}2 & 0\\ 0 & -3\end{pmatrix}\begin{pmatrix}x'_1\\ x'_2\end{pmatrix}-4\\ &= 2x'^2_1-3x'^2_2-4\end{aligned}$$

の最小値を求めることに帰着された.

$$\begin{aligned}\Phi' &= 2x'^2_1-3(1-x'^2_1)-4\\ &= 5x'^2_1-7 \geqq -7\end{aligned}$$

だから $\Phi=\Phi'$ の最小値は -7 である.

問　題 6-4

［1］ 次の2次形式を標準形に直せ.

(1) $x_1^2+2x_1x_2+2x_2^2$

(2) $x_1^2+x_1x_2+x_2^2+x_3^2+x_3x_1$

［2］ 次の2次曲線の標準形を求めよ.

$$x_1^2+2x_1x_2+2x_2^2-2x_2 = 0$$

［3］ $\boldsymbol{x}=(x_1, x_2)$ とするとき，条件 $|\boldsymbol{x}|=1$ のもとで

$$\Phi = x_1^2+8x_1x_2-5x_2^2$$

の最小値を求めよ.

［4］ 楕円

$$a{x_1}^2+2bx_1x_2+c{x_2}^2 = 1$$

の面積を求めよ.（直交変換により図形の面積は変わらない).

［5］ 2次曲面

$${x_1}^2-{x_2}^2+{x_3}^2-2x_2x_3-2x_1x_2-2x_1+2x_2-2x_3-5 = 0$$

の標準形を求めよ.

確率行列

2つの物質a, bがあり，一定時間たつとaは確率pでbに変わり確率$1-p$で生き残る．bは確率qでaに変わり，確率$1-q$で生き残るとしよう．aの量をx, bの量をyとし$(x_n, y_n)^T$で時刻nでのa, bの量を表わすと，上に述べたことは

$$\begin{pmatrix} x_{n+1} \\ y_{n+1} \end{pmatrix} = \begin{pmatrix} 1-p & q \\ p & 1-q \end{pmatrix} \begin{pmatrix} x_n \\ y_n \end{pmatrix}$$

と表わされる．ここでx_n, y_nの値は確率的に決まるので「確率変数」とよばれる．この式は(x_n, y_n)から(x_{n+1}, y_{n+1})への1次変換と見ることもできるが，係数行列は確率を表わすので，「確率行列」とよばれる．時刻0でa, bがそれぞれx_0, y_0あったとすれば，時刻nでのa, bの量x_n, y_nは

$$\begin{pmatrix} x_n \\ y_n \end{pmatrix} = \begin{pmatrix} 1-p & q \\ p & 1-q \end{pmatrix}^n \begin{pmatrix} x_0 \\ y_0 \end{pmatrix}$$

で与えられる．時刻$n+1$のときの量が時刻nのときの量のλ倍となるように変わるとき

$$\begin{pmatrix} x_{n+1} \\ y_{n+1} \end{pmatrix} = \lambda \begin{pmatrix} x_n \\ y_n \end{pmatrix} = \begin{pmatrix} 1-p & q \\ p & 1-q \end{pmatrix} \begin{pmatrix} x_n \\ y_n \end{pmatrix}$$

であるから(x_n, y_n)は係数行列の固有値λに対応する固有ベクトルとなることがわかる．

このような行列は，生物の突然変異や原子の連鎖反応などのモデルとして使われる．

問題解答

第1章

問題 1-1

[1]　$|\boldsymbol{a}|^2=\boldsymbol{a}\cdot\boldsymbol{a}$ を利用する．

$$|\boldsymbol{a}+\boldsymbol{b}|^2 = (\boldsymbol{a}+\boldsymbol{b})\cdot(\boldsymbol{a}+\boldsymbol{b}) = |\boldsymbol{a}|^2+2\boldsymbol{a}\cdot\boldsymbol{b}+|\boldsymbol{b}|^2$$

$$|\boldsymbol{a}-\boldsymbol{b}|^2 = (\boldsymbol{a}-\boldsymbol{b})\cdot(\boldsymbol{a}-\boldsymbol{b}) = |\boldsymbol{a}|^2-2\boldsymbol{a}\cdot\boldsymbol{b}+|\boldsymbol{b}|^2$$

よって辺々を加えて，$|\boldsymbol{a}+\boldsymbol{b}|^2+|\boldsymbol{a}-\boldsymbol{b}|^2=2(|\boldsymbol{a}|^2+|\boldsymbol{b}|^2)$.

[別解]　ベクトルを使わないで，幾何でやる．図でMはBCの中点．$\overrightarrow{\mathrm{BM}}=\boldsymbol{a}$, $\overrightarrow{\mathrm{MA}}=\boldsymbol{b}$ とする．三平方の定理より

$$\overline{\mathrm{AB}}^2 = \overline{\mathrm{BH}}^2+\overline{\mathrm{AH}}^2$$

$$\overline{\mathrm{AC}}^2 = \overline{\mathrm{CH}}^2+\overline{\mathrm{AH}}^2$$

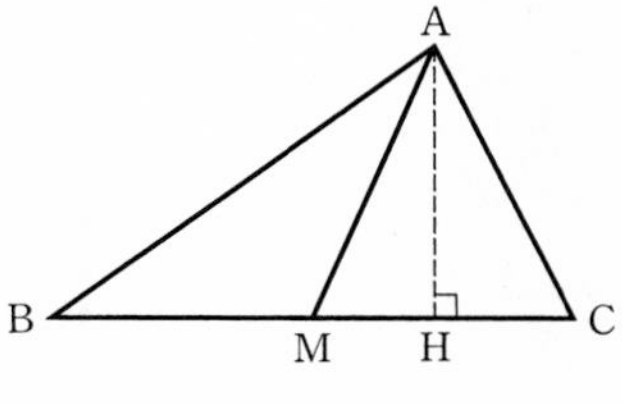

これより

$$\overline{\mathrm{AB}}^2+\overline{\mathrm{AC}}^2 = \overline{\mathrm{BH}}^2+\overline{\mathrm{CH}}^2+2\overline{\mathrm{AH}}^2$$

一方

$$\overline{\mathrm{BH}}^2+\overline{\mathrm{CH}}^2 = 2(\overline{\mathrm{MH}}^2+\overline{\mathrm{BM}}^2)$$

したがって，

$$\begin{aligned}\overline{\mathrm{AB}}^2+\overline{\mathrm{AC}}^2 &= 2(\overline{\mathrm{AH}}^2+\overline{\mathrm{MH}}^2+\overline{\mathrm{BM}}^2)\\ &= 2(\overline{\mathrm{AM}}^2+\overline{\mathrm{BM}}^2)\end{aligned}$$

[2]　2つのベクトルが直交するとは，内積がゼロということである．

$$(\boldsymbol{a}-r\boldsymbol{b})\cdot\boldsymbol{b} = 0$$

左辺を変形して $\boldsymbol{a}\cdot\boldsymbol{b}-r\boldsymbol{b}\cdot\boldsymbol{b}=0$. よって

$$r=\frac{\boldsymbol{a}\cdot\boldsymbol{b}}{\boldsymbol{b}\cdot\boldsymbol{b}}=\frac{\boldsymbol{a}\cdot\boldsymbol{b}}{|\boldsymbol{b}|^2}$$

［3］ (必要性)　A, B, C が同一直線上にあるとすると，$\boldsymbol{b}=\alpha\boldsymbol{a}$, $\alpha\neq1,0$ のような実数 α が存在する．ゆえに

$$\alpha\boldsymbol{a}-\boldsymbol{b}=\boldsymbol{0} \qquad ①$$

$\alpha-1=\beta$ とおくと，$\beta\neq0$. ①の両辺を β で割ると

$$\frac{\alpha}{\beta}\boldsymbol{a}+\left(-\frac{1}{\beta}\right)\boldsymbol{b}=\boldsymbol{0}$$

したがって $\lambda=\dfrac{\alpha}{\beta}$, $\mu=-\dfrac{1}{\beta}$ とおくと $\lambda\boldsymbol{a}+\mu\boldsymbol{b}=\boldsymbol{0}$ で $\lambda+\mu=1$, $\lambda\mu\neq0$.

(十分性)　$\lambda\boldsymbol{a}+\mu\boldsymbol{b}=0$, $\lambda\mu\neq0$ とすると，$\boldsymbol{b}=\left(-\dfrac{\lambda}{\mu}\right)\boldsymbol{a}$. これは A, B, C が同一直線上にあることを示している．

［4］ (1)－(2)より，$-3\boldsymbol{y}=\boldsymbol{a}-\boldsymbol{b}$. だから

$$\boldsymbol{y}=\frac{1}{3}(-\boldsymbol{a}+\boldsymbol{b}) \qquad (*)$$

(*)を(1)に代入して，$\boldsymbol{x}=\boldsymbol{a}+2\boldsymbol{y}=\dfrac{1}{3}(\boldsymbol{a}+2\boldsymbol{b})$

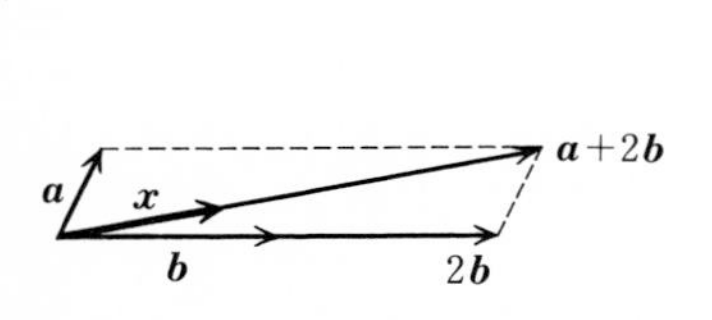

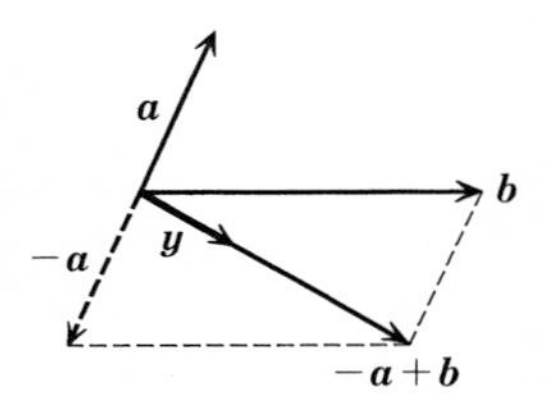

［5］ (1)　$\overrightarrow{\mathrm{AB}}=\boldsymbol{a}$, $\overrightarrow{\mathrm{AD}}=\boldsymbol{b}$, $\overrightarrow{\mathrm{AE}}=\boldsymbol{c}$ とすると，それぞれの大きさは，$|\boldsymbol{a}|=|\boldsymbol{b}|=|\boldsymbol{c}|=1$ で

$$\overrightarrow{\mathrm{AG}}=\boldsymbol{a}+\boldsymbol{b}+\boldsymbol{c}, \qquad \overrightarrow{\mathrm{AH}}=\boldsymbol{b}+\boldsymbol{c}$$

であり $\boldsymbol{a}\cdot\boldsymbol{b}=\boldsymbol{b}\cdot\boldsymbol{c}=\boldsymbol{c}\cdot\boldsymbol{a}=0$ だから

$$|\overrightarrow{\mathrm{AG}}|^2=(\boldsymbol{a}+\boldsymbol{b}+\boldsymbol{c})\cdot(\boldsymbol{a}+\boldsymbol{b}+\boldsymbol{c})=|\boldsymbol{a}|^2+|\boldsymbol{b}|^2+|\boldsymbol{c}|^2+2\boldsymbol{b}\cdot\boldsymbol{c}+2\boldsymbol{c}\cdot\boldsymbol{a}+2\boldsymbol{a}\cdot\boldsymbol{b}=3$$

したがって $|\overrightarrow{\mathrm{AG}}|=\sqrt{3}$. 同様に

$$|\overrightarrow{\mathrm{AH}}|^2=(\boldsymbol{b}+\boldsymbol{c})\cdot(\boldsymbol{b}+\boldsymbol{c})=|\boldsymbol{b}|^2+2\boldsymbol{b}\cdot\boldsymbol{c}+|\boldsymbol{c}|^2=2$$

ゆえに，$|\overrightarrow{\mathrm{AH}}|=\sqrt{2}$.

$$\overrightarrow{\mathrm{AG}}\cdot\overrightarrow{\mathrm{AH}}=(\boldsymbol{a}+\boldsymbol{b}+\boldsymbol{c})\cdot(\boldsymbol{b}+\boldsymbol{c})=\boldsymbol{a}\cdot\boldsymbol{b}+\boldsymbol{a}\cdot\boldsymbol{c}+|\boldsymbol{b}|^2+\boldsymbol{b}\cdot\boldsymbol{c}+\boldsymbol{c}\cdot\boldsymbol{b}+|\boldsymbol{c}|^2=2$$

だから $\overrightarrow{\mathrm{AG}}$, $\overrightarrow{\mathrm{AH}}$ の交角を θ とすると

$$\cos\theta = \frac{\overrightarrow{\mathrm{AG}}\cdot\overrightarrow{\mathrm{AH}}}{|\overrightarrow{\mathrm{AG}}||\overrightarrow{\mathrm{AH}}|} = \frac{2}{\sqrt{6}}$$

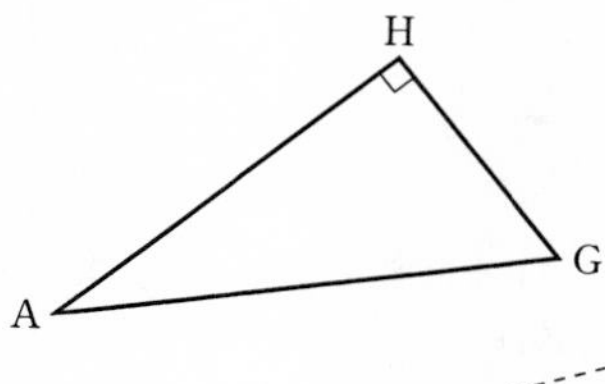

(2)　$\overrightarrow{\mathrm{AH}}=\boldsymbol{b}+\boldsymbol{c}$, $\overrightarrow{\mathrm{HC}}=\boldsymbol{a}$ だから，$\overrightarrow{\mathrm{AH}}\cdot\overrightarrow{\mathrm{HC}}=(\boldsymbol{b}+\boldsymbol{c})\cdot\boldsymbol{a}=\boldsymbol{b}\cdot\boldsymbol{a}+\boldsymbol{c}\cdot\boldsymbol{a}=0$. よって，$\overrightarrow{\mathrm{AH}}\perp\overrightarrow{\mathrm{HC}}$. $|\overrightarrow{\mathrm{AH}}|=\sqrt{2}$, $|\overrightarrow{\mathrm{HC}}|=1$. よって △AGH の面積 $=\frac{1}{2}\times1\times\sqrt{2}=\frac{\sqrt{2}}{2}$.

［6］　$S=|\boldsymbol{a}||\boldsymbol{b}|\sin\theta$ なので $S^2=|\boldsymbol{a}|^2|\boldsymbol{b}|^2(1-\cos^2\theta)=|\boldsymbol{a}|^2|\boldsymbol{b}|^2\left(1-\frac{(\boldsymbol{a}\cdot\boldsymbol{b})^2}{|\boldsymbol{a}|^2|\boldsymbol{b}|^2}\right)=|\boldsymbol{a}|^2|\boldsymbol{b}|^2-(\boldsymbol{a}\cdot\boldsymbol{b})^2$. よって面積 $S=\sqrt{(|\boldsymbol{a}||\boldsymbol{b}|)^2-(\boldsymbol{a}\cdot\boldsymbol{b})^2}$

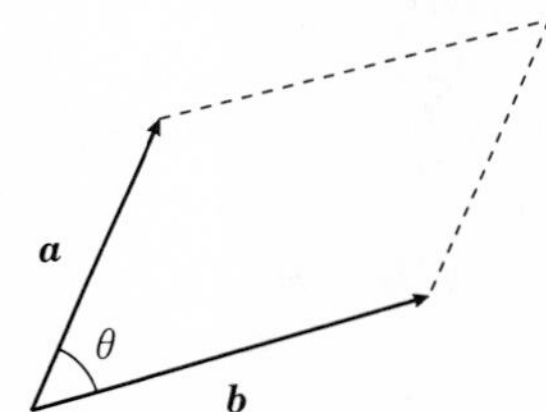

問題 1–2

［1］　(1)　$3\boldsymbol{a}-2\boldsymbol{b} = 3(1,2)-2(-5,3) = (3,6)+(10,-6) = (13,0)$

(2)　$|\boldsymbol{a}| = \sqrt{\boldsymbol{a}\cdot\boldsymbol{a}} = \sqrt{1+4} = \sqrt{5}$

(3)　$\boldsymbol{a}\cdot\boldsymbol{b} = 1\times(-5)+2\times3 = -5+6 = 1$

(4)　$|\boldsymbol{b}| = \sqrt{\boldsymbol{b}\cdot\boldsymbol{b}} = \sqrt{25+9} = \sqrt{34}$.

ゆえに単位ベクトルは，$\boldsymbol{c}=\frac{1}{\sqrt{34}}\boldsymbol{b}=\frac{1}{\sqrt{34}}(-5,3)$. 図参照.

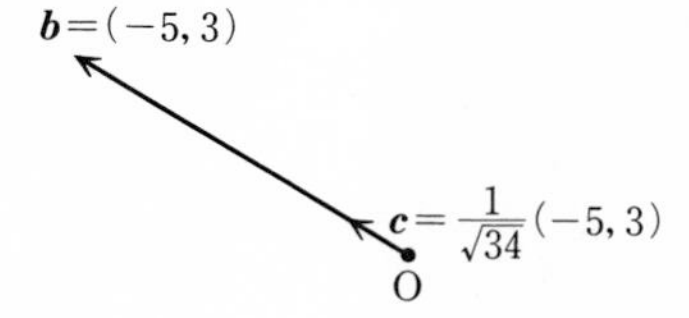

(5)　$\boldsymbol{a}\cdot\boldsymbol{b} = |\boldsymbol{a}||\boldsymbol{b}|\cos\theta$ より，$\cos\theta = \frac{-5+6}{\sqrt{5}\sqrt{34}} = \frac{1}{\sqrt{170}}$.

(6)　$S = |\boldsymbol{a}||\boldsymbol{b}|\sin\theta = \sqrt{|\boldsymbol{a}|^2|\boldsymbol{b}|^2-(\boldsymbol{a}\cdot\boldsymbol{b})^2} = \sqrt{5\times34-1} = 13$

(7)　垂直なベクトルを，$\boldsymbol{d}=(x,y)$ とすると，$\boldsymbol{a}\cdot\boldsymbol{d}=x+2y=0$, したがって $x=-2y$. $\boldsymbol{d}=(-2y,y)$ が単位ベクトルだから，$|\boldsymbol{d}|=\sqrt{4y^2+y^2}=\sqrt{5y^2}$. $\sqrt{5y^2}=1$ より $y=\pm\frac{1}{\sqrt{5}}$. ゆえに，$\boldsymbol{d}_1=\left(\frac{-2}{\sqrt{5}},\frac{1}{\sqrt{5}}\right)$, $\boldsymbol{d}_2=\left(\frac{2}{\sqrt{5}},\frac{-1}{\sqrt{5}}\right)$

［2］　$\boldsymbol{a}=\alpha\boldsymbol{b}+\beta\boldsymbol{c}$ として α,β を求めてみる.

$$\begin{cases}\alpha+2\beta = 1\\ -\alpha+3\beta = 1\end{cases}$$

これより $\alpha=\frac{1}{5}$, $\beta=\frac{2}{5}$. したがって1次独立ではない.

$$\boldsymbol{a} = \frac{1}{5}\boldsymbol{b}+\frac{2}{5}\boldsymbol{c}$$

［3］　$\boldsymbol{a}\cdot\boldsymbol{b}=0$ のときは明らか. $\boldsymbol{a}=(a_1,a_2)$, $\boldsymbol{b}=(b_1,b_2)$ とおくと，

$$\boldsymbol{a}\cdot\boldsymbol{b}=a_1b_1+a_2b_2,\quad \boldsymbol{a}\cdot\boldsymbol{a}=a_1^2+a_2^2,\quad \boldsymbol{b}\cdot\boldsymbol{b}=b_1^2+b_2^2$$

問題の式を平方して，$(a_1b_1+a_2b_2)^2 \leqq (a_1^2+a_2^2)(b_1^2+b_2^2)$ を示せばよい．

$$(a_1^2+a_2^2)(b_1^2+b_2^2)-(a_1b_1+a_2b_2)^2 = (a_1b_2-a_2b_1)^2 \geqq 0$$

［別解］ 任意の実数 t に対して

$$|t\boldsymbol{a}+\boldsymbol{b}| = (t\boldsymbol{a}+\boldsymbol{b})\cdot(t\boldsymbol{a}+\boldsymbol{b}) = |\boldsymbol{a}|^2t^2+2(\boldsymbol{a}\cdot\boldsymbol{b})t+|\boldsymbol{b}|^2$$

ここで左辺は負でないから，$|\boldsymbol{a}| \neq 0$ のとき，右辺の t についての 2 次式が負でないための条件は，判別式が，

$$(\boldsymbol{a}\cdot\boldsymbol{b})^2-|\boldsymbol{a}|^2|\boldsymbol{b}|^2 \leqq 0$$

となり，シュワルツの不等式が導かれる．また，$|\boldsymbol{a}|=0$ のときは，明らかである．

［4］ $\overrightarrow{\mathrm{OB}}+\overrightarrow{\mathrm{BC}}=\overrightarrow{\mathrm{OC}}$ より，$\overrightarrow{\mathrm{BC}}=\overrightarrow{\mathrm{OC}}-\overrightarrow{\mathrm{OB}}=\dfrac{1}{2}\boldsymbol{a}+\dfrac{2}{3}\boldsymbol{b}-\boldsymbol{b}=\dfrac{1}{2}\boldsymbol{a}-\dfrac{1}{3}\boldsymbol{b}$．O, A, E および B, C, E は同一直線上にあるから

$$\overrightarrow{\mathrm{OE}}=x\overrightarrow{\mathrm{OA}} = x\boldsymbol{a} \qquad ①$$

$$\overrightarrow{\mathrm{BE}} = y\overrightarrow{\mathrm{BC}} = \frac{1}{2}y\boldsymbol{a}-\frac{1}{3}y\boldsymbol{b} \qquad ②$$

$\overrightarrow{\mathrm{OB}}+\overrightarrow{\mathrm{BE}}=\overrightarrow{\mathrm{OE}}$ より，$\boldsymbol{b}+\dfrac{1}{2}y\boldsymbol{a}-\dfrac{1}{3}y\boldsymbol{b}=\dfrac{1}{2}y\boldsymbol{a}+\left(1-\dfrac{1}{3}y\right)\boldsymbol{b}$．①, ②より $\dfrac{1}{2}y\boldsymbol{a}+\left(1-\dfrac{1}{3}y\right)\boldsymbol{b}=x\boldsymbol{a}$．$\boldsymbol{a}$ と $\boldsymbol{b}$ は 1 次独立であるから

$$\begin{cases} x = \dfrac{1}{2}y \\ 0 = 1-\dfrac{1}{3}y \end{cases}$$

これより，$y=3$, $x=\dfrac{3}{2}$． ゆえに $\overrightarrow{\mathrm{OE}}=\dfrac{3}{2}\boldsymbol{a}$, $\overrightarrow{\mathrm{BE}}=\dfrac{3}{2}\boldsymbol{a}-\boldsymbol{b}$.

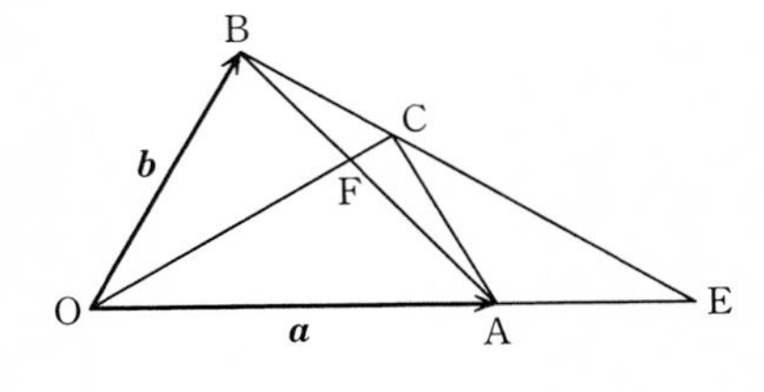

次に O, F, C; B, F, A は同一直線上にあるから

$$\overrightarrow{\mathrm{OF}} = z\overrightarrow{\mathrm{OC}} = z\left(\frac{1}{2}\boldsymbol{a}+\frac{2}{3}\boldsymbol{b}\right)$$

$$= \frac{1}{2}z\boldsymbol{a}+\frac{2}{3}z\boldsymbol{b} \qquad ③$$

$\overrightarrow{\mathrm{BF}}=u\overrightarrow{\mathrm{BA}}=u\boldsymbol{a}-u\boldsymbol{b}$ とおける．$\overrightarrow{\mathrm{OF}}=\overrightarrow{\mathrm{OB}}+\overrightarrow{\mathrm{BF}}$ より

$$\overrightarrow{\mathrm{OF}} = \boldsymbol{b}+u\boldsymbol{a}-u\boldsymbol{b} = u\boldsymbol{a}+(1-u)\boldsymbol{b} \qquad ④$$

③, ④より，$\dfrac{1}{2}z\boldsymbol{a}+\dfrac{2}{3}z\boldsymbol{b}=u\boldsymbol{a}+(1-u)\boldsymbol{b}$．$\boldsymbol{a}, \boldsymbol{b}$ が 1 次独立であることから

$$\begin{cases} \dfrac{1}{2}z = u \\ \dfrac{2}{3}z = 1-u \end{cases}$$

これより $z=\dfrac{6}{7}$, $u=\dfrac{3}{7}$. ゆえに, $\overrightarrow{\mathrm{OF}}=\dfrac{3}{7}\boldsymbol{a}+\dfrac{4}{7}\boldsymbol{b}$, $\overrightarrow{\mathrm{BF}}=\dfrac{3}{7}\boldsymbol{a}-\dfrac{3}{7}\boldsymbol{b}$

[5] $V=\{\alpha\boldsymbol{a}+\beta\boldsymbol{b}\,|\,\alpha,\beta$ は任意の実数$\}$.

(1) $\alpha\boldsymbol{a}+\beta\boldsymbol{b}=\boldsymbol{c}$ なる α,β が存在するかどうか調べる.

$$\alpha\boldsymbol{a}+\beta\boldsymbol{b}=(\alpha,0,\alpha)+(\beta,\beta,\beta)=(\alpha+\beta,\beta,\alpha+\beta)=(1,-2,1)$$

これより $\alpha+\beta=1, \beta=-2$. したがって $\alpha=3, \beta=-2$. よって $\boldsymbol{c}$ は V の元である.

(2) $\boldsymbol{d}$ が $\boldsymbol{a}$, $\boldsymbol{b}$ の1次結合で表わされないことを示す. $(3,-1,4)=\alpha(1,0,1)+\beta(1,1,1)$ なる α,β が存在したとすると,

$$\begin{cases}\alpha+\beta=3\\ \beta=-1\\ \alpha+\beta=4\end{cases}$$

この連立方程式をみたす解は存在しない. よって $\boldsymbol{d}$ は V に属さない.

[6] $W_1\cap W_2$ は連立1次方程式

$$\begin{cases}x+y\qquad-w=0\\ x-y-z+w=0\\ x\qquad-z+w=0\\ \quad y\qquad\quad=0\end{cases}$$

の解がつくる部分空間. この方程式を解いて

$$x=t,\quad y=0,\quad z=2t,\quad w=t\qquad (t\text{ は任意定数})$$

したがって, $\boldsymbol{a}=(1,0,2,1)$ が $W_1\cap W_2$ の基底で, $\dim(W_1\cap W_2)=1$.

問題 1-3

[1] (1) $|\boldsymbol{a}|=\sqrt{\boldsymbol{a}\cdot\boldsymbol{a}}=\sqrt{1+4+1+9}=\sqrt{15}$

(2) $\boldsymbol{a}\cdot\boldsymbol{b}=|\boldsymbol{a}||\boldsymbol{b}|\cos\theta$ より, $\cos\theta=\dfrac{\boldsymbol{a}\cdot\boldsymbol{b}}{|\boldsymbol{a}||\boldsymbol{b}|}=\dfrac{1+6-1-6}{\sqrt{15}\sqrt{15}}=0$. したがって $\theta=\dfrac{\pi}{2}$

(3) $\boldsymbol{c}\cdot\boldsymbol{a}=(2\boldsymbol{a}-3\boldsymbol{b})\cdot\boldsymbol{a}=2\boldsymbol{a}\cdot\boldsymbol{a}-3\boldsymbol{b}\cdot\boldsymbol{a}=2\times15-0=30$

(4) $\boldsymbol{c}\cdot\boldsymbol{a}=|\boldsymbol{c}||\boldsymbol{a}|\cos\varphi$ より, $\cos\varphi=\dfrac{30}{\sqrt{13}\sqrt{15}\sqrt{15}}=\dfrac{2}{\sqrt{13}}$.

[2] $\boldsymbol{x}_1,\boldsymbol{x}_2$ は, 1次独立で, U の基底となる. $V=\{\boldsymbol{x}\,|\,\boldsymbol{x}\cdot\boldsymbol{x}_1=\boldsymbol{x}\cdot\boldsymbol{x}_2=0\}$. したがって, $\boldsymbol{x}=(x_1,x_2,x_3,x_4)$ とおけば, V は

$$\begin{cases}\boldsymbol{x}\cdot\boldsymbol{x}_1=x_2-\ x_3+\ x_4=0\\ \boldsymbol{x}\cdot\boldsymbol{x}_2=x_1-2x_3+3x_4=0\end{cases}$$

の解からできる空間に等しい. この方程式を解くと, $x_1=2\alpha-3\beta$, $x_2=\alpha-\beta$, $x_3=\alpha$, $x_4=\beta$. したがって $\mathrm{V}=\{(2\alpha-3\beta,\alpha-\beta,\alpha,\beta)\,|\,\alpha,\beta$ は任意の実数$\}$.

[3] $|\boldsymbol{a}_1|=\sqrt{1+1+1}=\sqrt{3}$, $\boldsymbol{e}_1=(1/\sqrt{3})(1,1,1)$. $\boldsymbol{b}_2=\boldsymbol{a}_2-(\boldsymbol{a}_2\cdot\boldsymbol{e}_1)\boldsymbol{e}_1$ より, $\boldsymbol{a}_2\cdot\boldsymbol{e}_1=2/\sqrt{3}$

だから

$$\boldsymbol{b}_2=(0,1,1)-\frac{2}{3}(1,1,1)=\left(-\frac{2}{3},\frac{1}{3},\frac{1}{3}\right),\quad |\boldsymbol{b}_2|=\sqrt{\frac{4}{9}+\frac{1}{9}+\frac{1}{9}}=\sqrt{\frac{6}{9}}=\sqrt{\frac{2}{3}}$$

よって，$\boldsymbol{e}_2=\sqrt{\dfrac{3}{2}}\left(-\dfrac{2}{3},\dfrac{1}{3},\dfrac{1}{3}\right)=\dfrac{1}{\sqrt{6}}(-2,1,1)$.

$\boldsymbol{b}_3=\boldsymbol{a}_3-(\boldsymbol{a}_3\cdot\boldsymbol{e}_1)\boldsymbol{e}_1-(\boldsymbol{a}_3\cdot\boldsymbol{e}_2)\boldsymbol{e}_2$ より $\boldsymbol{a}_3\cdot\boldsymbol{e}_1=\dfrac{2}{\sqrt{3}}$, $\boldsymbol{a}_3\cdot\boldsymbol{e}_2=-\dfrac{1}{\sqrt{6}}$ だから $\boldsymbol{b}_3=(1,1,0)-\dfrac{2}{3}(1,1,1)+\dfrac{1}{6}(-2,1,1)=\left(0,\dfrac{1}{2},-\dfrac{1}{2}\right)$. ゆえに，$\boldsymbol{e}_3=\sqrt{2}\left(0,\dfrac{1}{2},-\dfrac{1}{2}\right)=\dfrac{1}{\sqrt{2}}(0,1,-1)$.

[4] (1) $\alpha(\boldsymbol{a}+\boldsymbol{b})+\beta(\boldsymbol{b}+\boldsymbol{c})+\gamma(\boldsymbol{c}+\boldsymbol{a})=\boldsymbol{0}$ とすると，$(\alpha+\gamma)\boldsymbol{a}+(\alpha+\beta)\boldsymbol{b}+(\beta+\gamma)\boldsymbol{c}=0$ となる．$\boldsymbol{a},\boldsymbol{b},\boldsymbol{c}$ が1次独立だから

$$\begin{cases}\alpha \qquad +\gamma=0\\ \alpha+\beta \qquad =0\\ \qquad \beta+\gamma=0\end{cases}$$

これより $\alpha=\beta=\gamma=0$ となり，3つのベクトルは1次独立.

(2) 同様にして，$\alpha(\boldsymbol{a}-\boldsymbol{b})+\beta(\boldsymbol{b}-\boldsymbol{c})+\gamma(\boldsymbol{c}-\boldsymbol{a})=\boldsymbol{0}$ を変形して，$(\alpha-\gamma)\boldsymbol{a}+(-\alpha+\beta)\boldsymbol{b}+(-\beta+\gamma)\boldsymbol{c}=\boldsymbol{0}$. これより

$$\begin{cases}\alpha \qquad -\gamma=0\\ -\alpha+\beta \qquad =0\\ \qquad -\beta+\gamma=0\end{cases}$$

$\alpha=\beta=\gamma$ より，たとえば $\alpha=\beta=\gamma=1$ とおけば，$(\boldsymbol{a}-\boldsymbol{b})+(\boldsymbol{b}-\boldsymbol{c})+(\boldsymbol{c}-\boldsymbol{a})=\boldsymbol{0}$. よって，1次従属である.

[5] $x=-y-z$ より，W の任意の元は $(-y-z,y,z)$ と表わされる．したがって，

$$W=\{(-1,1,0)t_1+(-1,0,1)t_2\,|\,t_i\text{ は任意の実数}\}$$

$(-1,1,0)$ と $(-1,0,1)$ の2つのベクトルは，1次独立だから，W の基底となり $\dim W=2$.

第2章

問題 2-1

[1] 2つの行列が等しいのは，対応する成分がそれぞれ等しいことだから，次の6つの等式を得る.

$$u=v+2,\quad v=3,\quad w=-w+2$$
$$x=3w,\quad y=2y-1,\quad z=3u$$

これから $u=5$, $v=3$, $w=1$, $x=3$, $y=1$, $z=15$. よって求める行列は $\begin{pmatrix} 5 & 3 & 1 \\ 3 & 1 & 15 \end{pmatrix}$.

［**2**］ 任意の 2×2 型行列 X は $X=\begin{pmatrix} x & y \\ z & w \end{pmatrix}$ と表わせる．行列の加法の定義を使って

$$X=\begin{pmatrix} x & 0 \\ 0 & 0 \end{pmatrix}+\begin{pmatrix} 0 & y \\ 0 & 0 \end{pmatrix}+\begin{pmatrix} 0 & 0 \\ z & 0 \end{pmatrix}+\begin{pmatrix} 0 & 0 \\ 0 & w \end{pmatrix}$$
$$=x\begin{pmatrix} 1 & 0 \\ 0 & 0 \end{pmatrix}+y\begin{pmatrix} 0 & 1 \\ 0 & 0 \end{pmatrix}+z\begin{pmatrix} 0 & 0 \\ 1 & 0 \end{pmatrix}+w\begin{pmatrix} 0 & 0 \\ 0 & 1 \end{pmatrix}$$

だから $x=a$, $y=b$, $z=c$, $w=d$ にとればよい．よって $X=aE_{11}+bE_{12}+cE_{21}+dE_{22}$.

［**3**］ $2A+B=\begin{pmatrix} 8+1 & 6+1 & 2-1 \\ 10+1 & 0-2 & -2+0 \\ 4+3 & 8+2 & 0+2 \end{pmatrix}=\begin{pmatrix} 9 & 7 & 1 \\ 11 & -2 & -2 \\ 7 & 10 & 2 \end{pmatrix}$

$$A-3B=\begin{pmatrix} 4-3 & 3-3 & 1+3 \\ 5-3 & 0+6 & -1+0 \\ 2-9 & 4-6 & 0-6 \end{pmatrix}=\begin{pmatrix} 1 & 0 & 4 \\ 2 & 6 & -1 \\ -7 & -2 & -6 \end{pmatrix}$$

［**4**］ $\begin{cases} X+2Y=A & ① \\ X-3Y=B & ② \end{cases}$

とする．①－② から，$5Y=A-B$. よって $Y=\dfrac{1}{5}(A-B)$. つぎに，①×3＋②×2 より，$X=\dfrac{1}{5}(3A+2B)$. よって

$$X=\frac{1}{5}\left\{3\begin{pmatrix} 7 & 4 & 1 \\ 1 & 0 & 7 \\ 3 & 1 & 5 \end{pmatrix}+2\begin{pmatrix} -8 & -6 & -4 \\ -4 & 5 & -3 \\ -2 & -4 & -10 \end{pmatrix}\right\}$$
$$=\frac{1}{5}\begin{pmatrix} 5 & 0 & -5 \\ -5 & 10 & 15 \\ 5 & -5 & -5 \end{pmatrix}=\begin{pmatrix} 1 & 0 & -1 \\ -1 & 2 & 3 \\ 1 & -1 & -1 \end{pmatrix}$$
$$Y=\frac{1}{5}\left\{\begin{pmatrix} 7 & 4 & 1 \\ 1 & 0 & 7 \\ 3 & 1 & 5 \end{pmatrix}-\begin{pmatrix} -8 & -6 & -4 \\ -4 & 5 & -3 \\ -2 & -4 & -10 \end{pmatrix}\right\}=\begin{pmatrix} 3 & 2 & 1 \\ 1 & -1 & 2 \\ 1 & 1 & 3 \end{pmatrix}$$

［**5**］ (1) 各成分を計算する．$a_{11}=3-2\delta_{11}=3-2=1$, $a_{12}=3-2\delta_{12}=3-0=3$, $a_{13}=3-2\delta_{13}=3-0=3$. 残りの成分も同様に求める．よって

$$A=\begin{pmatrix} 1 & 3 & 3 \\ 3 & 1 & 3 \\ 3 & 3 & 1 \end{pmatrix}$$

(2) $a_{11}=|1-1|=0$, $a_{12}=|1-2|=1$, $a_{13}=|1-3|=2$. 残りの成分も同様に求める．

$$A=\begin{pmatrix}0&1&2\\1&0&1\\2&1&0\end{pmatrix}$$

問題 2–2

[**1**] (1) $f\begin{pmatrix}0\\0\end{pmatrix}=\begin{pmatrix}0\\0\end{pmatrix}$, $f\begin{pmatrix}-2\\3\end{pmatrix}=\begin{pmatrix}2\times(-2)+3\\3\times(-2)+4\times3\end{pmatrix}=\begin{pmatrix}-1\\6\end{pmatrix}$

(2) $f\begin{pmatrix}x_1\\x_2\end{pmatrix}=\begin{pmatrix}1\\1\end{pmatrix}$ より $\begin{cases}2x_1+x_2=1\\3x_1+4x_2=1\end{cases}$

これを解いて $x_1=\dfrac{3}{5}$, $x_2=-\dfrac{1}{5}$. よって，点$\begin{pmatrix}\dfrac{3}{5}\\-\dfrac{1}{5}\end{pmatrix}$が点$\begin{pmatrix}1\\1\end{pmatrix}$に写像される．

同様に，$\begin{cases}2x_1+x_2=4\\3x_1+4x_2=1\end{cases}$ より $x_1=3$, $x_2=-2$. よって，点$\begin{pmatrix}3\\-2\end{pmatrix}$が点$\begin{pmatrix}4\\1\end{pmatrix}$に写像される．

(3) $f\begin{pmatrix}x_1\\x_2\end{pmatrix}=\begin{pmatrix}x_1\\x_2\end{pmatrix}$ より $\begin{cases}2x_1+x_2=x_1\\3x_1+4x_2=x_2\end{cases}$

これから，$x_1+x_2=0$. よって不動点全体は直線，$y=-x$, となる．

[**2**] 2つの元 $\boldsymbol{x}=\begin{pmatrix}x_1\\x_2\end{pmatrix}$, $\boldsymbol{y}=\begin{pmatrix}y_1\\y_2\end{pmatrix}$ と任意の実数 λ に対して，条件(2.16), (2.17)が成立すればよい．

$$f(\boldsymbol{x}+\boldsymbol{y})=\begin{pmatrix}(x_1+y_1)\cos\theta-(x_2+y_2)\sin\theta\\(x_1+y_1)\sin\theta+(x_2+y_2)\cos\theta\end{pmatrix}$$
$$=\begin{pmatrix}x_1\cos\theta-x_2\sin\theta\\x_1\sin\theta+x_2\cos\theta\end{pmatrix}+\begin{pmatrix}y_1\cos\theta-y_2\sin\theta\\y_1\sin\theta+y_2\cos\theta\end{pmatrix}=f(\boldsymbol{x})+f(\boldsymbol{y})$$
$$f(\lambda\boldsymbol{x})=\begin{pmatrix}\lambda x_1\cos\theta-\lambda x_2\sin\theta\\\lambda x_1\sin\theta+\lambda x_2\cos\theta\end{pmatrix}=\lambda\begin{pmatrix}x_1\cos\theta-x_2\sin\theta\\x_1\sin\theta+x_2\cos\theta\end{pmatrix}=\lambda f(\boldsymbol{x})$$

[注] 同様にすれば，

$$f\begin{pmatrix}x_1\\\vdots\\x_n\end{pmatrix}=\begin{pmatrix}a_{11}x_1+\cdots+a_{1n}x_n\\\vdots\qquad\vdots\\a_{m1}x_1+\cdots+a_{mn}x_n\end{pmatrix}$$

が n 個の元から m 個の元への1次変換であることがわかる．

[**3**] (1) 点 $\mathrm{P}(x,y)$ が点 $\mathrm{P}'(x',y')$ に移されているとする．$y=2x$ と直線 PP' が垂直であることより

$$\frac{y-y'}{x-x'}\times2=-1$$

PP′ の中点が $y=2x$ 上にあることより，

$$\frac{y+y'}{2}=2\times\left(\frac{x+x'}{2}\right)$$

これから $x'+2y'=x+2y$，$2x'-y'=-2x+y$．ゆえに，$x'=\frac{1}{5}(-3x+4y)$，$y'=\frac{1}{5}(4x+3y)$．求める1次変換は

$$f\begin{pmatrix}x\\y\end{pmatrix}=\begin{pmatrix}-\frac{3}{5}x+\frac{4}{5}y\\ \frac{4}{5}x+\frac{3}{5}y\end{pmatrix}$$

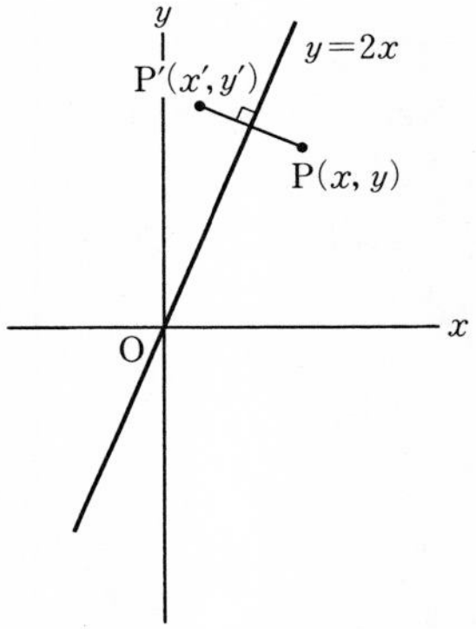

(2)　前問で $\theta=60°$ とすれば，$\cos 60°=\frac{1}{2}$，$\sin 60°=\frac{\sqrt{3}}{2}$ より

$$f\begin{pmatrix}x\\y\end{pmatrix}=\begin{pmatrix}\frac{1}{2}x-\frac{\sqrt{3}}{2}y\\ \frac{\sqrt{3}}{2}x+\frac{1}{2}y\end{pmatrix}$$

(3)　点 $\mathrm{P}(x, y)$ を点 $\mathrm{P}'(x', y')$ に移すと

$$\begin{cases}x'=3x\\y'=3y\end{cases}$$ よって，$f\begin{pmatrix}x\\y\end{pmatrix}=\begin{pmatrix}3x+0y\\0x+3y\end{pmatrix}$.

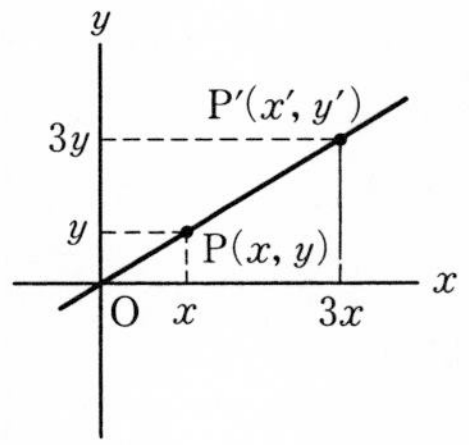

［4］　(1)　$\begin{cases}x'=3x+6y\\y'=x+2y\end{cases}$　これより，$x'-3y'=0$．ゆえに平面上のすべての点は直線 $x-3y=0$ 上に写される．

(2)　直線 $x+2y=t$ 上の任意の点 $(t-2n, n)$ は

$$f\begin{pmatrix}t-2n\\n\end{pmatrix}=\begin{pmatrix}3(t-2n)+6n\\t-2n+2n\end{pmatrix}=\begin{pmatrix}3t\\t\end{pmatrix}$$

より，$x=3y$ 上の点 $\mathrm{P}(3t, t)$ に写される．

(3)　直線 $2x+3y=1$ 上の点は $\left(\frac{1}{2}(1-3n), n\right)$ と表わせるから，

$$f\begin{pmatrix}\frac{1}{2}(1-3n)\\n\end{pmatrix}=\begin{pmatrix}\frac{3}{2}(1-3n)+6n\\ \frac{1}{2}(1-3n)+2n\end{pmatrix}=\begin{pmatrix}\frac{3}{2}(n+1)\\ \frac{1}{2}(n+1)\end{pmatrix}$$

$x'=\dfrac{3}{2}(n+1)$, $y'=\dfrac{1}{2}(n+1)$．よって $x'-3y'=0$．ゆえに直線 $2x+3y=1$ は直線 $x-3y=0$ に写される．

［5］ スカラー $\alpha_1, \alpha_2, \cdots, \alpha_n$ に対して $\alpha_1\boldsymbol{x}_1+\cdots+\alpha_n\boldsymbol{x}_n=\boldsymbol{0}$ とする．

$$\boldsymbol{0}=f(\boldsymbol{0})=f(\alpha_1\boldsymbol{x}_1+\cdots+\alpha_n\boldsymbol{x}_n)=\alpha_1 f(\boldsymbol{x}_1)+\cdots+\alpha_n f(\boldsymbol{x}_n)$$

$f(\boldsymbol{x}_1), \cdots, f(\boldsymbol{x}_n)$ は1次独立であるから $\alpha_1=\cdots=\alpha_n=0$．したがって，$\boldsymbol{x}_1, \boldsymbol{x}_2, \cdots, \boldsymbol{x}_n$ は1次独立である．

問題 2–3

［1］ (1) $$P^2=\begin{pmatrix}0&1&0\\0&0&1\\1&0&0\end{pmatrix}\begin{pmatrix}0&1&0\\0&0&1\\1&0&0\end{pmatrix}=\begin{pmatrix}0&0&1\\1&0&0\\0&1&0\end{pmatrix},$$

$$P^3=P^2P=\begin{pmatrix}0&0&1\\1&0&0\\0&1&0\end{pmatrix}\begin{pmatrix}0&1&0\\0&0&1\\1&0&0\end{pmatrix}=E$$

(2) $$A=\begin{pmatrix}a_0&a_1&a_2\\a_2&a_0&a_1\\a_1&a_2&a_0\end{pmatrix}=\begin{pmatrix}a_0&0&0\\0&a_0&0\\0&0&a_0\end{pmatrix}+\begin{pmatrix}0&a_1&0\\0&0&a_1\\a_1&0&0\end{pmatrix}+\begin{pmatrix}0&0&a_2\\a_2&0&0\\0&a_2&0\end{pmatrix}$$
$$=a_0E+a_1P+a_2P^2$$

(3) A, B が巡回行列より，$A=\sum_{j=0}^{2} a_jP^j$, $B=\sum_{j=0}^{2} b_jP^j$，ただし $P^0=E$．

$$AB=(a_0b_0+a_1b_2+a_2b_1)E+(a_0b_1+a_1b_0+a_2b_2)P+(a_0b_2+a_1b_1+a_2b_0)P^2$$

よって AB も巡回行列．

［2］ 帰納法で証明する．$n=1$ のとき，$b_1=b$ であるから正しい．$n\leqq k-1$ まで正しいとして A^k を計算する．

$$A^k=A^{k-1}\cdot A=\begin{pmatrix}a^{k-1}&b_{k-1}\\0&c^{k-1}\end{pmatrix}\begin{pmatrix}a&b\\0&c\end{pmatrix}=\begin{pmatrix}a^k&a^{k-1}b+b_{k-1}c\\0&c^k\end{pmatrix}$$

(1, 2)成分を変形する．

$$a^{k-1}b+b_{k-1}c=a^{k-1}b+b\sum_{j=1}^{k-1}a^{k-1-j}c^j=b(a^{k-1}+a^{k-2}c+\cdots+ac^{k-2}+c^{k-1})$$
$$=b\sum_{j=1}^{k}a^{k-j}c^{j-1}=b_k$$

よってすべての自然数に対して成立する．

［3］ $A=E+N$, $N=\begin{pmatrix}0&1&0\\0&0&1\\0&0&0\end{pmatrix}$ とおく．$N^2=\begin{pmatrix}0&0&1\\0&0&0\\0&0&0\end{pmatrix}$, $N^3=O$, $NE=EN$ より，例題 2.10 の二項展開の公式が使える．$n\geqq 2$ に対して

$$A^n = (E+N)^n = \sum_{j=0}^{n}\binom{n}{j}N^jE^{n-j} = E+\binom{n}{1}N+\binom{n}{2}N^2$$

$$=\begin{pmatrix}1&0&0\\0&1&0\\0&0&1\end{pmatrix}+\begin{pmatrix}0&n&0\\0&0&n\\0&0&0\end{pmatrix}+\begin{pmatrix}0&0&\dfrac{n(n-1)}{2}\\0&0&0\\0&0&0\end{pmatrix}=\begin{pmatrix}1&n&\dfrac{n(n-1)}{2}\\0&1&n\\0&0&1\end{pmatrix}$$

[4] 直接計算をする.

$A^2=\begin{pmatrix}a&b\\c&d\end{pmatrix}\begin{pmatrix}a&b\\c&d\end{pmatrix}=\begin{pmatrix}a^2+bc&ab+bd\\ac+cd&bc+d^2\end{pmatrix}$ だから

$$A^2-(a+d)A+(ad-bc)E=\begin{pmatrix}a^2+bc&ab+bd\\ac+cd&bc+d^2\end{pmatrix}-\begin{pmatrix}a^2+ad&ab+bd\\ac+cd&ad+d^2\end{pmatrix}$$

$$+\begin{pmatrix}ad-bc&0\\0&ad-bc\end{pmatrix}=\begin{pmatrix}0&0\\0&0\end{pmatrix}$$

[5] $X=\begin{pmatrix}x&y\\z&w\end{pmatrix}$ とおくと, $X^2=\begin{pmatrix}x^2+yz&(x+w)y\\(x+w)z&yz+w^2\end{pmatrix}$ となり, 各成分を比較すると

$$\begin{cases}x^2+yz=0 & ①\\(x+w)y=0 & ②\\(x+w)z=0 & ③\\yz+w^2=0 & ④\end{cases}$$

(ア) $x+w\neq 0$ のとき

$$y=z=0 \qquad ⑤$$

⑤ を ① と ② に代入すると, $x^2=0$, $w^2=0$. これより $x=w=0$.

仮定より $x+w\neq 0$ で矛盾.

(イ) $x+w=0$ のとき, $w=-x$. また ①より, $x^2+yz=0$. ここでさらに 2 つの場合に分かれ, $z=0$ のとき, $x=0$, $w=0$, y は任意. $z\neq 0$ のとき, $y=-x^2/z$.
これらをまとめて

$$X=\begin{pmatrix}0&y\\0&0\end{pmatrix},\ \begin{pmatrix}x&-\dfrac{x^2}{z}\\z&-x\end{pmatrix},\ \text{ただし}\ z\neq 0\ (x,y,z\ \text{は任意})$$

問題 2–4

[1] (1) $A=\begin{pmatrix}A_{11}&A_{12}\\A_{21}&A_{22}\end{pmatrix}$, $A_{11}=A_{22}=\begin{pmatrix}1&-1\\0&2\end{pmatrix}$, $A_{12}=A_{21}=\begin{pmatrix}0&0\\0&0\end{pmatrix}$ と分割する.

$$A^2=\begin{pmatrix}A_{11}&O\\O&A_{11}\end{pmatrix}\begin{pmatrix}A_{11}&O\\O&A_{11}\end{pmatrix}=\begin{pmatrix}A_{11}^2&O\\O&A_{11}^2\end{pmatrix}$$

よって $A_{11}^2=\begin{pmatrix}1 & -1\\ 0 & 2\end{pmatrix}\begin{pmatrix}1 & -1\\ 0 & 2\end{pmatrix}=\begin{pmatrix}1 & -3\\ 0 & 4\end{pmatrix}$. したがって

$$A^2=\begin{pmatrix}1 & -3 & 0 & 0\\ 0 & 4 & 0 & 0\\ 0 & 0 & 1 & -3\\ 0 & 0 & 0 & 4\end{pmatrix}$$

(2)　$B=\begin{pmatrix}B_{11} & B_{12}\\ B_{21} & B_{22}\end{pmatrix}$, $B_{11}=B_{22}=\begin{pmatrix}0 & 0\\ 0 & 0\end{pmatrix}$, $B_{12}=B_{21}=\begin{pmatrix}2 & 3\\ 0 & 1\end{pmatrix}$ と分割する.

$$B^2=\begin{pmatrix}B_{12}^2 & O\\ O & B_{12}^2\end{pmatrix},\quad B_{12}^2=\begin{pmatrix}4 & 9\\ 0 & 1\end{pmatrix}$$

したがって

$$B^2=\begin{pmatrix}4 & 9 & 0 & 0\\ 0 & 1 & 0 & 0\\ 0 & 0 & 4 & 9\\ 0 & 0 & 0 & 1\end{pmatrix}$$

(3) $AB=\begin{pmatrix}A_{11} & O\\ O & A_{11}\end{pmatrix}\begin{pmatrix}O & B_{12}\\ B_{12} & O\end{pmatrix}=\begin{pmatrix}O & A_{11}B_{12}\\ A_{11}B_{12} & O\end{pmatrix}$. $A_{11}B_{12}=\begin{pmatrix}1 & -1\\ 0 & 2\end{pmatrix}\begin{pmatrix}2 & 3\\ 0 & 1\end{pmatrix}=\begin{pmatrix}2 & 2\\ 0 & 2\end{pmatrix}$.
したがって

$$AB=\begin{pmatrix}0 & 0 & 2 & 2\\ 0 & 0 & 0 & 2\\ 2 & 2 & 0 & 0\\ 0 & 2 & 0 & 0\end{pmatrix}$$

(4)　$BA=\begin{pmatrix}O & B_{12}A_{11}\\ B_{12}A_{11} & O\end{pmatrix}$, $B_{12}A_{11}=\begin{pmatrix}2 & 3\\ 0 & 1\end{pmatrix}\begin{pmatrix}1 & -1\\ 0 & 2\end{pmatrix}=\begin{pmatrix}2 & 4\\ 0 & 2\end{pmatrix}$. したがって

$$BA=\begin{pmatrix}0 & 0 & 2 & 4\\ 0 & 0 & 0 & 2\\ 2 & 4 & 0 & 0\\ 0 & 2 & 0 & 0\end{pmatrix}$$

[2]　$m=2$ を計算してみる.

$$\begin{pmatrix}E-A & A\\ -A & E+A\end{pmatrix}^2=\begin{pmatrix}E-A & A\\ -A & E+A\end{pmatrix}\begin{pmatrix}E-A & A\\ -A & E+A\end{pmatrix}$$

$$=\begin{pmatrix}(E-A)^2-A^2 & (E-A)A+A(E+A)\\ -A(E-A)-(E+A)A & -A^2+(E+A)^2\end{pmatrix}=\begin{pmatrix}E-2A & 2A\\ -2A & E+2A\end{pmatrix}$$

同様に $m=3$ を計算すると, $\begin{pmatrix}E-A & A\\ -A & E+A\end{pmatrix}^3=\begin{pmatrix}E-3A & 3A\\ -3A & E+3A\end{pmatrix}$. そこで一般に,
$\begin{pmatrix}E-A & A\\ -A & E+A\end{pmatrix}^m=\begin{pmatrix}E-mA & mA\\ -mA & E+mA\end{pmatrix}$ と予想できる.

帰納法で示す．$m=1$ のときは明らか．$m \leqq k-1$ まで成立していると仮定する．$m=k$ のとき，

$$\begin{pmatrix} E-A & A \\ -A & E+A \end{pmatrix}^k = \begin{pmatrix} E-A & A \\ -A & E+A \end{pmatrix}^{k-1} \begin{pmatrix} E-A & A \\ -A & E+A \end{pmatrix}$$

$$= \begin{pmatrix} E-(k-1)A & (k-1)A \\ -(k-1)A & E+(k-1)A \end{pmatrix} \begin{pmatrix} E-A & A \\ -A & E+A \end{pmatrix}$$

$$= \begin{pmatrix} (E-(k-1)A)(E-A)-(k-1)A^2 & (E-(k-1)A)A+(k-1)A(E+A) \\ -(k-1)A(E-A)-(E+(k-1)A)A & -(k-1)A^2+(E+(k-1)A)(E+A) \end{pmatrix}$$

$$= \begin{pmatrix} E-kA & kA \\ -kA & E+kA \end{pmatrix}$$

よってすべての自然数に対して成立する．

［3］ 順番に乗法をおこなう．

$$\begin{pmatrix} E & O \\ -E & E \end{pmatrix} \begin{pmatrix} A & B \\ B & A \end{pmatrix} = \begin{pmatrix} EA & EB \\ -EA+EB & -EB+EA \end{pmatrix} = \begin{pmatrix} A & B \\ -A+B & A-B \end{pmatrix}$$

$$\begin{pmatrix} A & B \\ -A+B & A-B \end{pmatrix} \begin{pmatrix} E & O \\ E & E \end{pmatrix} = \begin{pmatrix} AE+BE & BE \\ (-A+B)E+(A-B)E & (A-B)E \end{pmatrix} = \begin{pmatrix} A+B & B \\ O & A-B \end{pmatrix}$$

［4］ 交換法則が成り立たないので順番に注意する．

$$\begin{pmatrix} E & O \\ A & E \end{pmatrix} \begin{pmatrix} X & Y \\ Z & W \end{pmatrix} = \begin{pmatrix} EX+OZ & EY+OW \\ AX+EZ & AY+EW \end{pmatrix} = \begin{pmatrix} X & Y \\ AX+Z & AY+W \end{pmatrix}$$

この結果の意味は，第1行のブロックと A の積を計算して，第2行のブロックに加えた行列が得られたということである．

［5］ A を J_{2n} とブロックごとの積ができるように分割する．$A=\begin{pmatrix} A_{11} & A_{12} \\ A_{21} & A_{22} \end{pmatrix}$ とおく．

$$AJ_{2n} = \begin{pmatrix} A_{12} & -A_{11} \\ A_{22} & -A_{21} \end{pmatrix}, \quad J_{2n}A = \begin{pmatrix} -A_{21} & -A_{22} \\ A_{11} & A_{12} \end{pmatrix}$$

$AJ_{2n}=J_{2n}A$ より $\begin{cases} A_{12}=-A_{21} \\ A_{11}=A_{22} \end{cases}$ だから，$A=\begin{pmatrix} B & -C \\ C & B \end{pmatrix}$ と表わせる．逆は，AJ_{2n} と $J_{2n}A$ をそれぞれ計算すればよい．

第3章

問題 3-1

［1］ (1) $\begin{vmatrix} 4 & 3 \\ 2 & 2 \end{vmatrix} = 4\times 2-3\times 2 = 8-6 = 2$

(2) $\begin{vmatrix} \cos\theta & -\sin\theta \\ \sin\theta & \cos\theta \end{vmatrix} = \cos^2\theta+\sin^2\theta = 1$

(3) $\begin{vmatrix} 1 & \frac{1}{2} \\ \frac{1}{2} & \frac{1}{3} \end{vmatrix} = \frac{1}{3} - \frac{1}{4} = \frac{1}{12} \left(= \frac{1}{2^2 \cdot 3} = \frac{1}{2! \cdot 3!} \right)$

(4) $\begin{vmatrix} a+b & a+3b \\ a+2b & a+4b \end{vmatrix} = (a+b)(a+4b)-(a+3b)(a+2b)$

$$= a^2+5ab+4b^2-a^2-5ab-6b^2 = -2b^2$$

[2] (1) $\begin{vmatrix} -1 & 0 & 3 \\ 2 & 1 & 5 \\ 2 & -3 & 4 \end{vmatrix} = -4+0-18-(6+0+15) = -22-21 = -43$

(2) $\begin{vmatrix} 1 & \frac{1}{2} & \frac{1}{3} \\ \frac{1}{2} & \frac{1}{3} & \frac{1}{4} \\ \frac{1}{3} & \frac{1}{4} & \frac{1}{5} \end{vmatrix} = \frac{1}{15} + \frac{1}{24} + \frac{1}{24} - \frac{1}{27} - \frac{1}{20} - \frac{1}{16} = \frac{1}{2160} = \frac{1}{2^4 \cdot 3^3 \cdot 5} = \frac{(2!)^3}{3!4!5!}$

この行列式は一般に n 次行列式に拡張でき，その値は $\dfrac{(1!2!\cdots(n-1)!)^3}{n!(n+1)!\cdots(2n-1)!}$ である．

(3) $\begin{vmatrix} a & b & c \\ c & a & b \\ b & c & a \end{vmatrix} = a^3+b^3+c^3-3abc = (a+b+c)(a^2+b^2+c^2-ab-bc-ca)$

$$= (a+b+c)(a+b\omega+c\omega^2)(a+b\omega^2+c\omega)$$

ただし，$\omega^3=1$, $\omega \neq 1$ とする．これは問題 2-3 [1]の巡回行列の行列式である．

[3] $x=0$ を代入して行列式がゼロになることを示す．

$$\begin{vmatrix} 0 & -a & -b \\ a & 0 & -c \\ b & c & 0 \end{vmatrix} = abc-abc = 0$$

[別解] 与えられた行列式を計算する．

$\begin{vmatrix} 0 & x-a & x-b \\ x+a & 0 & x-c \\ x+b & x+c & 0 \end{vmatrix} = (x-a)(x+b)(x-c)+(x+a)(x-b)(x+c) = 2x\{x^2-(ab+bc-ca)\}$

したがって，$x=0$ は確かに与式の根である．

[4] $D = \begin{vmatrix} a_1 & b_1 & c_1 \\ a_2 & b_2 & c_2 \\ a_3 & b_3 & c_3 \end{vmatrix}$ とおく．

$$\begin{cases} a_1x+b_1y+c_1=0 \\ a_2x+b_2y+c_2=0 \\ a_3x+b_3y+c_3=0 \end{cases}$$

が解 $x=x_0$, $y=y_0$ をもてば，連立方程式

$$\begin{cases} a_1x+b_1y+c_1z=0 \\ a_2x+b_2y+c_2z=0 \\ a_3x+b_3y+c_3z=0 \end{cases} \qquad ①$$

はゼロ以外の解，$x=x_0$, $y=y_0$, $z=1$ をもつ．もし行列式 $D\neq 0$ ならば，方程式①は $x=y=z=0$ を解としてもつ．これは $z=1$ に矛盾する．よって $D=0$.

[5]　$f(x)=0$ が重根 t をもつと $f(t)=f'(t)=0$. また，$tf'(t)=2at^2+bt=0$. したがって

$$\begin{cases} at^2+\ bt+c=0 \\ 2at^2+\ bt\qquad=0 \\ \qquad 2at+b=0 \end{cases}$$

前の問題[4]より

$$D=\begin{vmatrix} a & b & c \\ 2a & b & 0 \\ 0 & 2a & b \end{vmatrix}=0$$

この行列式を計算して，$D=ab^2+4a^2c-2ab^2=a(4ac-b^2)=0$. $a\neq 0$ より，$b^2-4ac=0$ が求める条件．逆に $D=0$ ならば，$f(x)=0$ の判別式 $b^2-4ac=0$ だから重根をもつ．

問題 3–2

[1]　(1)　与式を4列目で展開する．

$$与式=\begin{vmatrix} 1 & 0 & 1 \\ 2 & 0 & 3 \\ 3 & -4 & 2 \end{vmatrix}-\begin{vmatrix} 1 & 0 & 1 \\ 3 & 2 & -1 \\ 3 & -4 & 2 \end{vmatrix}=-8+12-(4-12-6-4)=4+18=22$$

(2)　ゼロがひとつもないので，どこで展開してもよい．2行目で展開してみる．

$$与式=-3\begin{vmatrix} 3 & 3 & 3 \\ 3 & 1 & 3 \\ 3 & 3 & 1 \end{vmatrix}+\begin{vmatrix} 1 & 3 & 3 \\ 3 & 1 & 3 \\ 3 & 3 & 1 \end{vmatrix}-3\begin{vmatrix} 1 & 3 & 3 \\ 3 & 3 & 3 \\ 3 & 3 & 1 \end{vmatrix}+3\begin{vmatrix} 1 & 3 & 3 \\ 3 & 3 & 1 \\ 3 & 3 & 3 \end{vmatrix}=-80$$

[2]　与式 $=(a+b)^3+a^3+a^3-a^2(a+b)-a^2(a+b)-a^2(a+b)=a^3+3a^2b+3ab^2+b^3+2a^3-3a^3-3a^2b=b^2(3a+b)$

問題3–3 [4]で一般の場合について問題にしている．

[3]　(1)　与式 $=(x-2)^2(x-1)-1+1-(x-1)+(x-2)-(x-2)=(x-1)\{(x-2)^2-1\}=(x-1)^2(x-3)$. したがって，$x=1$ (2重根)，$x=3$.

問題解答 3

(2)　1行目で展開する．

$$x\begin{vmatrix} x & -1 & 0 \\ 0 & x & -1 \\ 3 & -3 & 1 \end{vmatrix}+\begin{vmatrix} 0 & -1 & 0 \\ 0 & x & -1 \\ -1 & -3 & 1 \end{vmatrix}=x(x^2+3-3x)-1$$

$$=x^3-3x^2+3x-1=(x-1)^3.$$

よって $x=1$ (3重根).

［4］　与式の行列式を D_n とする．n に関する帰納法によって証明する．

$$D_1=\begin{vmatrix} a_0 & -1 \\ a_1 & x \end{vmatrix}=a_0x+a_1$$

であるから，$n=1$ のとき正しい．次に $n-1$ のとき正しいと仮定し，D_n を1行目で展開する．

$$D_n=a_0\begin{vmatrix} x & -1 & 0 & \cdots & 0 \\ 0 & x & -1 & \cdots & 0 \\ \multicolumn{4}{c}{\cdots\cdots\cdots\cdots\cdots\cdots} & -1 \\ 0 & 0 & 0 & \cdots & x \end{vmatrix}-(-1)\begin{vmatrix} a_1 & -1 & 0 & \cdots & 0 \\ a_2 & x & -1 & \cdots & 0 \\ \multicolumn{4}{c}{\cdots\cdots\cdots\cdots\cdots\cdots} & -1 \\ a_n & 0 & 0 & \cdots & x \end{vmatrix}$$

$$=a_0x^n+\begin{vmatrix} a_1 & -1 & 0 & \cdots & 0 \\ a_2 & x & -1 & \cdots & 0 \\ \multicolumn{4}{c}{\cdots\cdots\cdots\cdots\cdots\cdots} & -1 \\ a_n & 0 & 0 & \cdots & x \end{vmatrix}$$

ここで第2項の行列式は帰納法の仮定より，$a_1x^{n-1}+a_2x^{n-2}+\cdots+a_n$ に等しい．よって，$D_n=a_0x^n+a_1x^{n-1}+\cdots+a_n$.

［5］　$A=\begin{pmatrix} a_{11} & a_{12} \\ a_{21} & a_{22} \end{pmatrix}$ とする．$\tilde{A}_{11}=(-1)^{1+1}a_{22}$, $\tilde{A}_{12}=(-1)^{1+2}a_{21}$, $\tilde{A}_{21}=(-1)^{2+1}a_{12}$, $\tilde{A}_{22}=(-1)^{2+2}a_{11}$ より，$\begin{pmatrix} a_{11} & a_{12} \\ a_{21} & a_{22} \end{pmatrix}=\begin{pmatrix} a_{22} & -a_{12} \\ -a_{21} & a_{11} \end{pmatrix}$. これから，$a_{11}=a_{22}$, $a_{12}=a_{21}=0$. したがって，a_{11} を k(任意の数)とおくと，$A=\begin{pmatrix} k & 0 \\ 0 & k \end{pmatrix}$ である．

問題 3–3

［1］　(1)
$$\begin{vmatrix} 1 & -1 & 2 & 2 \\ 2 & -3 & -1 & 7 \\ -1 & 1 & -3 & 1 \\ 3 & 0 & 6 & 10 \end{vmatrix}\begin{pmatrix} (2\text{列目})+(1\text{列目})\times 1 \\ (3\text{列目})+(1\text{列目})\times(-2) \\ (4\text{列目})+(1\text{列目})\times(-2) \end{pmatrix}$$

$$=\begin{vmatrix} 1 & 0 & 0 & 0 \\ 2 & -1 & -5 & 3 \\ -1 & 0 & -1 & 3 \\ 3 & 3 & 0 & 4 \end{vmatrix}(1\text{行目で展開})=\begin{vmatrix} -1 & -5 & 3 \\ 0 & -1 & 3 \\ 3 & 0 & 4 \end{vmatrix}$$

$$= 4-45+9 = -32$$

(2) $\begin{vmatrix} 1 & 0 & 0 & x \\ 1 & 0 & x & 1 \\ 1 & x & 1 & 0 \\ 1 & 1 & 0 & 0 \end{vmatrix} \begin{pmatrix} (2\text{行目})+(1\text{行目})\times(-1) \\ (3\text{行目})+(1\text{行目})\times(-1) \\ (4\text{行目})+(1\text{行目})\times(-1) \end{pmatrix}$

$$= \begin{vmatrix} 1 & 0 & 0 & x \\ 0 & 0 & x & 1-x \\ 0 & x & 1 & -x \\ 0 & 1 & 0 & -x \end{vmatrix} = \begin{vmatrix} 0 & x & 1-x \\ x & 1 & -x \\ 1 & 0 & -x \end{vmatrix}$$

$$= -x^2-(1-x)+x^3 = x^3-x^2+x-1$$

[2] $|A^2|=|A|^2$ を用いる.

$$A^2 = \begin{pmatrix} 0 & c & b \\ c & 0 & a \\ b & a & 0 \end{pmatrix}\begin{pmatrix} 0 & c & b \\ c & 0 & a \\ b & a & 0 \end{pmatrix} = \begin{pmatrix} c^2+b^2 & ba & ca \\ ab & c^2+a^2 & cb \\ ac & bc & b^2+a^2 \end{pmatrix}$$

よって

$$\begin{vmatrix} c^2+b^2 & ba & ca \\ ab & c^2+a^2 & cb \\ ac & bc & b^2+a^2 \end{vmatrix} = \begin{vmatrix} 0 & c & b \\ c & 0 & a \\ b & a & 0 \end{vmatrix}^2 = (2abc)^2 = 4a^2b^2c^2$$

[3] $\begin{vmatrix} A & B \\ B & A \end{vmatrix} \begin{pmatrix} \text{第1行ブロックに第2} \\ \text{行ブロックを加える} \end{pmatrix}$

$$= \begin{vmatrix} A+B & B+A \\ B & A \end{vmatrix} \begin{pmatrix} \text{第1列ブロックの }-1\text{ 倍を} \\ \text{第2列ブロックに加える} \end{pmatrix}$$

$$= \begin{vmatrix} A+B & O \\ B & A-B \end{vmatrix} = |A+B||A-B|$$

また, A, B が可換ならば, $(A+B)(A-B)=A^2-B^2$ だから,

$$\begin{vmatrix} A & B \\ B & A \end{vmatrix} = |A^2-B^2|$$

[4] 第1列に他の列をすべて加えると,

$$与式 = \begin{vmatrix} na+b & a & \cdots & a \\ na+b & a+b & \cdots & a \\ \cdots & \cdots & \cdots & \cdots \\ na+b & a & \cdots & a+b \end{vmatrix} = (na+b)\begin{vmatrix} 1 & a & \cdots & a \\ 1 & a+b & \cdots & a \\ \cdots & \cdots & \cdots & \cdots \\ 1 & a & \cdots & a+b \end{vmatrix}$$

2列, 3列, …, n 列からそれぞれ1列の a 倍を引くと

$$(na+b)\begin{vmatrix} 1 & 0 & \cdots & 0 \\ 1 & b & \cdots & 0 \\ \multicolumn{4}{c}{\cdots\cdots\cdots\cdots} \\ 1 & 0 & \cdots & b \end{vmatrix} = (na+b)b^{n-1}$$

$n=3$ のときは問題 3–2 [2]になっている.

[5] x_i に x_j を代入すると，第 i 列目と第 j 列目が等しいから，行列式の値は 0. したがって，この行列式は (x_i-x_j) を因数にもち，それらの積

$$\begin{array}{l} (x_2-x_1)(x_3-x_1)\cdots(x_n-x_1) \\ \qquad\qquad (x_3-x_2)\cdots(x_n-x_2) \\ \qquad\qquad\qquad \ddots \quad \vdots \\ \qquad\qquad\qquad\quad (x_n-x_{n-1}) \end{array}$$

を因数にもつ. ここで積の次数は $\dfrac{n(n-1)}{2}$ 次，行列式も $\dfrac{n(n-1)}{2}$ 次だから，値は係数の違いだけである.

$$D = k\prod_{i<j}(x_i-x_j) \qquad (k \text{ は定数})$$

そこで $x_2x_3^2\cdots x_n^{n-1}$ の係数を比較して，$k=(-1)^{\frac{n(n-1)}{2}}$.

問題 3–4

[1] $\boldsymbol{a}=\alpha\boldsymbol{b}+\beta\boldsymbol{c}$ をみたす α,β があることを示す.

$$\begin{pmatrix} k \\ -1 \\ -5 \end{pmatrix} = \begin{pmatrix} 2\alpha+5\beta \\ \alpha+2\beta \\ -\alpha+\beta \end{pmatrix} \quad \text{から} \quad \begin{cases} 2\alpha+5\beta-k=0 \\ \alpha+2\beta+1=0 \\ -\alpha+\beta+5=0 \end{cases}$$

したがって

$$\begin{vmatrix} 2 & 5 & -k \\ 1 & 2 & 1 \\ -1 & 1 & 5 \end{vmatrix} = 0$$

これより $3k=-12$. $k=-4$ のとき $\boldsymbol{a}$ は $\boldsymbol{b},\boldsymbol{c}$ の 1 次結合で表わせる. $k=-4$ のとき

$$\begin{cases} 2\alpha+5\beta=-4 \\ \alpha+2\beta=-1 \\ -\alpha+\beta=-5 \end{cases}$$

これより，$\beta=-2, \alpha=3$. よって，$\boldsymbol{a}=3\boldsymbol{b}-2\boldsymbol{c}$.

[2] 求める直線の方程式を $ax+by+c=0$ とすれば，$ax_1+by_1+c=0$，$ax_2+by_2+c=0$. これら 3 つの式から a, b, c を消去すれば，

$$\begin{vmatrix} x & y & 1 \\ x_1 & y_1 & 1 \\ x_2 & y_2 & 1 \end{vmatrix} = 0$$

［3］ 前問［2］と同様にできるが，次のように考えてもよい．$P(x, y, z)$ を π 上の任意の点として，3つのベクトル $\overrightarrow{PP_i}=(x-x_i, y-y_i, z-z_i)$ $(i=1, 2, 3)$ を考えると，これらは同一平面上にあるから，1次従属である．したがって

$$\begin{vmatrix} x-x_1 & y-y_1 & z-z_1 \\ x-x_2 & y-y_2 & z-z_2 \\ x-x_3 & y-y_3 & z-z_3 \end{vmatrix} = 0$$

左辺の行列式は

$$\begin{vmatrix} x & y & z & 1 \\ x_1 & y_1 & z_1 & 1 \\ x_2 & y_2 & z_2 & 1 \\ x_3 & y_3 & z_3 & 1 \end{vmatrix}$$

に等しいこともわかる．

［4］ $\alpha \boldsymbol{a}_1+\beta \boldsymbol{a}_2=\boldsymbol{0}$ とする．$\boldsymbol{a}_1, \boldsymbol{a}_2$ に与えられた式を代入すると，

$$\alpha(a_{11}\boldsymbol{e}_1+a_{12}\boldsymbol{e}_2)+\beta(a_{21}\boldsymbol{e}_1+a_{22}\boldsymbol{e}_2) = \boldsymbol{0}$$

整理すれば

$$(a_{11}\alpha+a_{21}\beta)\boldsymbol{e}_1+(a_{12}\alpha+a_{22}\beta)\boldsymbol{e}_2 = \boldsymbol{0}$$

$\boldsymbol{e}_1, \boldsymbol{e}_2$ は1次独立だから

$$\begin{cases} a_{11}\alpha+a_{21}\beta = 0 \\ a_{12}\alpha+a_{22}\beta = 0 \end{cases}$$

ところで，この連立方程式の係数からつくられる行列式は

$$\begin{vmatrix} a_{11} & a_{21} \\ a_{12} & a_{22} \end{vmatrix} = \begin{vmatrix} a_{11} & a_{12} \\ a_{21} & a_{22} \end{vmatrix} \neq 0$$

したがって，連立方程式は自明な解しかもたない．すなわち，$\alpha=\beta=0$．したがって $\boldsymbol{a}_1, \boldsymbol{a}_2$ は1次独立．

［5］ $\alpha \boldsymbol{a}+\beta \boldsymbol{b}+\gamma \boldsymbol{c}=\boldsymbol{0}$, $\alpha\gamma \neq 0$ だから

$$\boldsymbol{a} = \left(-\frac{\beta}{\alpha}\right)\boldsymbol{b}+\left(-\frac{\gamma}{\alpha}\right)\boldsymbol{c}$$

また $\boldsymbol{b}=1\cdot\boldsymbol{b}+0\cdot\boldsymbol{c}$．仮定より，$\boldsymbol{b}, \boldsymbol{c}$ は1次独立で

$$\begin{vmatrix} -\dfrac{\beta}{\alpha} & -\dfrac{\gamma}{\alpha} \\ 1 & 0 \end{vmatrix} = \frac{\gamma}{\alpha} \neq 0$$

前の問題［4］の結果により，$\boldsymbol{a}, \boldsymbol{b}$ は1次独立．

第4章

問題 4–1

[1] (1) $\begin{pmatrix} 1 & -1 \\ 0 & 1 \end{pmatrix}$ (2) $-\dfrac{1}{2}\begin{pmatrix} 4 & -2 \\ -3 & 1 \end{pmatrix}$

(3) $\begin{pmatrix} 1 & 0 & 0 \\ 0 & 1 & 0 \\ 0 & 0 & 1 \end{pmatrix}$ (4) $\begin{pmatrix} 1 & 0 & 0 \\ 0 & 0 & 1 \\ 0 & 1 & 0 \end{pmatrix}$

(5) 正則でないので，逆行列をもたない．

[2] 正則である条件は $|A|=a_{11}a_{22}a_{33}\neq 0$．逆行列は

$$A^{-1}=\begin{pmatrix} \dfrac{1}{a_{11}} & 0 & 0 \\ -\dfrac{a_{21}}{a_{11}a_{22}} & \dfrac{1}{a_{22}} & 0 \\ * & -\dfrac{a_{32}}{a_{22}a_{33}} & \dfrac{1}{a_{33}} \end{pmatrix} \qquad \left[* = -\frac{a_{31}}{a_{11}a_{33}}\left(1-\frac{a_{32}a_{21}}{a_{31}a_{22}}\right)\right]$$

[3] $AA^{-1}=E$ より，$|A||A^{-1}|=1$．$|A|\neq 0$ だから，$|A^{-1}|\neq 0$．これより，A^{-1} は正則．$A^{-1}(A^{-1})^{-1}=E=A^{-1}A$ だから，$A^{-1}[(A^{-1})^{-1}-A]=O$．$A^{-1}$ は正則だから，$(A^{-1})^{-1}-A=O$ となる．

[4] A が正則とすれば，A^{-1} があるから $A^2=A$ より $A=E$．

[5] $|AB|=|A||B|\neq 0$ であるから，AB は正則．$AB(AB)^{-1}=E=ABB^{-1}A^{-1}$ より，$AB[(AB)^{-1}-B^{-1}A^{-1}]=O$．$AB$ は正則であるから，$(AB)^{-1}-B^{-1}A^{-1}=O$．

[6] (1) $(E+A)(E-A)=E^2+A-A-A^2=E$ より，$|E+A||E-A|=|E|=1$．したがって $|E+A|\neq 0$．

(2) $(E+A)(E-A)=E=(E+A)(E+A)^{-1}$ より，$(E+A)[(E-A)-(E+A)^{-1}]=O$．$E+A$ は正則であるから，$E-A-(E+A)^{-1}=O$ となる．

[7] P の行列式は例題 3.12 から，$|P|=|A||B|$．$|A||B|\neq 0$ より $|P|\neq 0$．したがって P は正則，$PP^{-1}=E$ であることは，直接計算すればわかる．

[8] 前問の結果を使う．

(1) $A=\begin{pmatrix} a_{11} & a_{12} \\ a_{21} & a_{22} \end{pmatrix}$, $B=a_{33}$, $C=\begin{pmatrix} a_{13} \\ a_{23} \end{pmatrix}$

とおき，与えられた行列を P とすれば

$$P^{-1}=\begin{pmatrix} \dfrac{a_{22}}{\varDelta} & -\dfrac{a_{12}}{\varDelta} & -\dfrac{1}{\varDelta}(a_{22}a_{13}-a_{12}a_{23})\dfrac{1}{a_{33}} \\ -\dfrac{a_{21}}{\varDelta} & \dfrac{a_{11}}{\varDelta} & +\dfrac{1}{\varDelta}(a_{21}a_{13}-a_{11}a_{23})\dfrac{1}{a_{33}} \\ 0 & 0 & \dfrac{1}{a_{33}} \end{pmatrix}$$

(2) $A=\begin{pmatrix} 2 & 1 \\ 1 & 0 \end{pmatrix}$, $B=\begin{pmatrix} 2 & -1 \\ 1 & 1 \end{pmatrix}$, $C=\begin{pmatrix} 1 & 0 \\ 0 & 1 \end{pmatrix}$ とおく.

$$A^{-1}=\begin{pmatrix} 0 & 1 \\ 1 & -2 \end{pmatrix},\quad B^{-1}=\frac{1}{3}\begin{pmatrix} 1 & 1 \\ -1 & 2 \end{pmatrix},\quad A^{-1}CB^{-1}=\frac{1}{3}\begin{pmatrix} -1 & 2 \\ 3 & -3 \end{pmatrix}$$

であるから，求める逆行列は

$$P^{-1}=\begin{pmatrix} 0 & 1 & \dfrac{1}{3} & -\dfrac{2}{3} \\ 1 & -2 & -1 & 1 \\ 0 & 0 & \dfrac{1}{3} & \dfrac{1}{3} \\ 0 & 0 & -\dfrac{1}{3} & \dfrac{2}{3} \end{pmatrix}$$

(3) $A=\begin{pmatrix} 1 & 0 \\ 3 & 1 \end{pmatrix}$, $B=\begin{pmatrix} 1 & -1 \\ 1 & 1 \end{pmatrix}$, $C=\begin{pmatrix} 1 & 1 \\ 1 & 1 \end{pmatrix}$ とおくと，

$$A^{-1}=\begin{pmatrix} 1 & 0 \\ -3 & 1 \end{pmatrix},\ B^{-1}=\frac{1}{2}\begin{pmatrix} 1 & 1 \\ -1 & 1 \end{pmatrix},\ A^{-1}CB^{-1}=\begin{pmatrix} 0 & 1 \\ 0 & -2 \end{pmatrix}$$

$$P^{-1}=\begin{pmatrix} 1 & 0 & 0 & -1 \\ -3 & 1 & 0 & 2 \\ 0 & 0 & \dfrac{1}{2} & \dfrac{1}{2} \\ 0 & 0 & -\dfrac{1}{2} & \dfrac{1}{2} \end{pmatrix}$$

問題 4–2

[1] (1) $AA^{-1}=E$ より，$(A^{-1})^{\mathrm{T}}A^{\mathrm{T}}=E$. $\therefore (A^{-1})^{\mathrm{T}}=(A^{\mathrm{T}})^{-1}$.

(2) $A^{-1}=(A^{\mathrm{T}})^{-1}=(A^{-1})^{\mathrm{T}}$, $A^{-1}=(-A^{\mathrm{T}})^{-1}=-(A^{\mathrm{T}})^{-1}=-(A^{-1})^{\mathrm{T}}$

(3) $|B^{-1}AB|=|B^{-1}||A||B|=|B|^{-1}|A||B|=|A|$

(4) $\mathrm{Tr}\,(B^{-1}AB)=\mathrm{Tr}\,(AB(B^{-1}))=\mathrm{Tr}\,A$

[2] 交代行列 A の次数を n とすると，$|A|=|-A^{\mathrm{T}}|=(-1)^n|A^{\mathrm{T}}|=(-1)^n|A|$. ここで n が奇数なら $|A|=0$ となり，A は正則でない.

[3]　$(E-A)(E+A+A^2+\cdots+A^{n-1})=E$ が成立するから，$|E-A||E+A+\cdots+A^{n-1}|=1$．$\therefore |E-A|\neq 0$．このとき $(E-A)^{-1}=E+A+\cdots+A^{n-1}$．

[4]　例題 2.12 で A^n の計算を行なった．この結果を使うと

$$A^{-n}=(A^n)^{-1}=\begin{pmatrix}\cos n\theta & \sin n\theta\\ -\sin n\theta & \cos n\theta\end{pmatrix}$$

[5]　数学的帰納法で証明してみよう．2 次の正則三角行列 $A_2=\begin{pmatrix}a & b\\ 0 & c\end{pmatrix}$ $(ac\neq 0)$ の逆行列 A_2^{-1} は (2, 1) 成分が 0 の三角行列である．A_n が n 次正則三角行列であるとすると，$a_{11}a_{22}\cdots a_{nn}\neq 0$．$A_{n+1}$ を $(n+1)$ 次三角行列

$$A_{n+1}=\left(\begin{array}{ccc|c} & & & a_{1,n+1}\\ & A_n & & \vdots\\ & & & a_{n,n+1}\\ \hline 0 & \cdots & 0 & a_{n+1,n+1}\end{array}\right)$$

とすると，A_{n+1} が正則である条件は，$a_{n+1,n+1}\neq 0$．このとき A_{n+1}^{-1} は，問題 4–1 [7] から，$(n+1)$ 次三角行列となることがわかる．

問題 4–3

[1]　(1)　係数行列式＝3

$$x=\frac{1}{3}\begin{vmatrix}1 & 3 & 2\\ 0 & 2 & 4\\ -1 & 1 & 3\end{vmatrix}=-2,\quad y=\frac{1}{3}\begin{vmatrix}1 & 1 & 2\\ 1 & 0 & 4\\ 1 & -1 & 3\end{vmatrix}=1,\quad z=\frac{1}{3}\begin{vmatrix}1 & 3 & 1\\ 1 & 2 & 0\\ 1 & 1 & -1\end{vmatrix}=0$$

(2)　係数行列式＝-19

$$x=\frac{-1}{19}\begin{vmatrix}0 & 2 & 1\\ 1 & -1 & 2\\ -1 & 3 & 5\end{vmatrix}=\frac{12}{19},\quad y=\frac{-1}{19}\begin{vmatrix}2 & 0 & 1\\ 1 & 1 & 2\\ 2 & -1 & 5\end{vmatrix}=-\frac{11}{19}$$

$$z=\frac{-1}{19}\begin{vmatrix}2 & 2 & 0\\ 1 & -1 & 1\\ 2 & 3 & -1\end{vmatrix}=-\frac{2}{19}$$

(3)　係数行列式＝$(a-b)(b-c)(c-a)$

$$x=\frac{(d-b)(c-d)}{(a-b)(c-a)},\quad y=\frac{(a-d)(d-c)}{(a-b)(b-c)},\quad z=\frac{(b-d)(d-a)}{(b-c)(c-a)}$$

[2]　(1)　例題 4.7 の (2) 式を使う．$|A|=-5$

$$x_{11}=\frac{-1}{5}\begin{vmatrix}1 & 2\\ 0 & -1\end{vmatrix}=\frac{1}{5},\quad x_{12}=\frac{-1}{5}\begin{vmatrix}0 & 2\\ 1 & -1\end{vmatrix}=\frac{2}{5}$$

$$x_{21} = \frac{-1}{5}\begin{vmatrix} 3 & 1 \\ 1 & 0 \end{vmatrix} = \frac{1}{5}, \quad x_{22} = \frac{-1}{5}\begin{vmatrix} 3 & 0 \\ 1 & 1 \end{vmatrix} = -\frac{3}{5}$$

これから，$A^{-1}=X=\begin{pmatrix} \frac{1}{5} & \frac{2}{5} \\ \frac{1}{5} & -\frac{3}{5} \end{pmatrix}$.

(2)　例題 4.7 の (2) 式を使う．$|A|=2abc$．X の第 1 列は

$$x_{11} = \frac{1}{2abc}\begin{vmatrix} 1 & a & b \\ 0 & 0 & c \\ 0 & c & 0 \end{vmatrix} = -\frac{c}{2ab}, \quad x_{21} = \frac{1}{2abc}\begin{vmatrix} 0 & 1 & b \\ a & 0 & c \\ b & 0 & 0 \end{vmatrix} = \frac{1}{2a}$$

$$x_{31} = \frac{1}{2abc}\begin{vmatrix} 0 & a & 1 \\ a & 0 & 0 \\ b & c & 0 \end{vmatrix} = \frac{1}{2b}$$

同様に他の列も計算して

$$X = A^{-1} = \begin{pmatrix} -\frac{c}{2ab} & \frac{1}{2a} & \frac{1}{2b} \\ \frac{1}{2a} & -\frac{b}{2ac} & \frac{1}{2c} \\ \frac{1}{2b} & \frac{1}{2c} & -\frac{a}{2bc} \end{pmatrix}$$

(3)　行列式は -4.

$$x_{11} = \frac{-1}{4}\begin{vmatrix} 1 & 1 & -1 \\ 0 & -1 & 1 \\ 0 & 1 & 1 \end{vmatrix} = \frac{1}{2}, \quad x_{12} = \frac{-1}{4}\begin{vmatrix} 0 & 1 & -1 \\ 1 & -1 & 1 \\ 0 & 1 & 1 \end{vmatrix} = \frac{1}{2}$$

$$x_{13} = \frac{-1}{4}\begin{vmatrix} 0 & 1 & -1 \\ 0 & -1 & 1 \\ 1 & 1 & 1 \end{vmatrix} = 0$$

他の列も同様に計算して

$$A^{-1} = X = \begin{pmatrix} \frac{1}{2} & \frac{1}{2} & 0 \\ \frac{1}{2} & 0 & \frac{1}{2} \\ 0 & \frac{1}{2} & \frac{1}{2} \end{pmatrix}$$

[3]　(1)　例題 4.7 の (2) 式を使う．逆行列を $X=(x_{ij})$ とし，$D=ad-bc$ とおくと

$$x_{11}=\frac{1}{D}\begin{vmatrix}1 & b\\ 0 & d\end{vmatrix}=\frac{d}{D},\qquad x_{21}=\frac{1}{D}\begin{vmatrix}a & 1\\ c & 0\end{vmatrix}=-\frac{c}{D}$$

$$x_{12}=\frac{1}{D}\begin{vmatrix}0 & b\\ 1 & d\end{vmatrix}=-\frac{b}{D},\qquad x_{22}=\frac{1}{D}\begin{vmatrix}a & 0\\ c & 1\end{vmatrix}=\frac{a}{D}$$

(2)　逆行列を $X=(x_{ij})$, $D=adf$ とおくと

$$x_{11}=\frac{1}{D}\begin{vmatrix}1 & b & c\\ 0 & d & e\\ 0 & 0 & f\end{vmatrix}=\frac{1}{a},\qquad x_{21}=\frac{1}{D}\begin{vmatrix}a & 1 & c\\ 0 & 0 & e\\ 0 & 0 & f\end{vmatrix}=0$$

$$x_{31}=\frac{1}{D}\begin{vmatrix}a & b & 1\\ 0 & d & 0\\ 0 & 0 & 0\end{vmatrix}=0$$

$$x_{12}=\frac{1}{D}\begin{vmatrix}0 & b & c\\ 1 & d & e\\ 0 & 0 & f\end{vmatrix}=\frac{-b}{ad},\qquad x_{22}=\frac{1}{D}\begin{vmatrix}a & 0 & c\\ 0 & 1 & e\\ 0 & 0 & f\end{vmatrix}=\frac{1}{d}$$

$$x_{32}=\frac{1}{D}\begin{vmatrix}a & b & 0\\ 0 & d & 1\\ 0 & 0 & 0\end{vmatrix}=0$$

$$x_{13}=\frac{1}{D}\begin{vmatrix}0 & b & c\\ 0 & d & e\\ 1 & 0 & f\end{vmatrix}=\frac{1}{D}(be-cd)$$

$$x_{23}=\frac{1}{D}\begin{vmatrix}a & 0 & c\\ 0 & 0 & e\\ 0 & 1 & f\end{vmatrix}=-\frac{e}{df},\qquad x_{33}=\frac{1}{D}\begin{vmatrix}a & b & 0\\ 0 & d & 0\\ 0 & 0 & 1\end{vmatrix}=\frac{1}{f}$$

［4］　逆行列を $X=(x_{ij})$ とすると，例題 4.7 から

$$x_{1j}=\frac{1}{|A|}\,|\boldsymbol{e}_j, \boldsymbol{a}_2, \boldsymbol{a}_3|,\qquad x_{2j}=\frac{1}{|A|}\,|\boldsymbol{a}_1, \boldsymbol{e}_j, \boldsymbol{a}_3|$$

$$x_{3j}=\frac{1}{|A|}\,|\boldsymbol{a}_1, \boldsymbol{a}_2, \boldsymbol{e}_j|\qquad (j=1, 2, 3)$$

問題 4–4

［1］　(1)　$c_1\boldsymbol{a}_1+c_2\boldsymbol{a}_2=0$. $\boldsymbol{a}_1, \boldsymbol{a}_2$ は独立だから，$c_1=c_2=0$. $\therefore x=y=0$.

(2)　$c_1\boldsymbol{a}_1+c_2\boldsymbol{a}_2=(c_1+\alpha c_2)\boldsymbol{a}_1=0$ より，$c_2=1, c_1=-\alpha$. p をパラメータとすると，$(x, y)=(-\alpha, 1)p$.

(3)　$c_1\boldsymbol{a}_1+c_2\boldsymbol{a}_2+c_3\boldsymbol{a}_3=0$ から，$c_1=c_2=c_3=0$. これから $x=y=z=0$.

(4)　$c_1\boldsymbol{a}_1+c_2\boldsymbol{a}_2+c_3\boldsymbol{a}_3=(c_1+\alpha c_3)\boldsymbol{a}_1+(c_2+\beta c_3)\boldsymbol{a}_2=0$ より，$c_3=1$, $c_1=-\alpha$, $c_2=-\beta$. p

をパラメータとすれば，解は $(-\alpha, -\beta, 1)p$.

(5) $c_1\boldsymbol{a}_1+c_2\boldsymbol{a}_2+c_3\boldsymbol{0}=(c_1+\alpha c_2)\boldsymbol{a}_1=0$ より，$c_2=1$, $c_3=0$ に対し $c_1=-\alpha$. このとき $\boldsymbol{c}=(-\alpha, 1, 0)$ は解．また $c_2=0$, $c_3=1$ に対し $c_1=0$. このとき $(0, 0, 1)$ は解．パラメータを含む解は，p_1, p_2 をパラメータとして

$$\boldsymbol{x} = (-\alpha, 1, 0)p_1+(0, 0, 1)p_2$$

［**2**］ (1) $(x, y)^{\mathrm{T}}$ に対する係数行列式は

$$\begin{vmatrix} a & 2 \\ 1 & 1+a \end{vmatrix} = (a+2)(a-1)$$

したがって $a\neq-2$ および $a\neq1$ のときは自明な解 $x=0$, $y=0$ しかもたない．$a=-2$ のとき $(x, y)=(1, 1)p$, $a=1$ のとき $(x, y)=(2, -1)p$ という解をもつ（p は任意の定数）.

(2) 係数行列式 $|A|$ は

$$\begin{vmatrix} 2 & a & 1 \\ 1 & -1 & 1 \\ a & 5 & -1 \end{vmatrix} = (a+3)(a-1)$$

であるから $a\neq-3$ および $a\neq1$ のときは自明な解をもつ．$a=-3$ のときは，

$$2x-3y+z = 0,\quad x-y+z = 0,\quad -3x+5y-z=0$$

から z を消去すると，たとえば

$$-x+2y = 0,\quad -2x+4y = 0$$

となり，p を任意定数とし $y=p$ とおくと，

$$x = 2p,\quad z = y-x = -p$$

が得られる．$a=1$ のときは，

$$2x+y+z = 0,\quad x-y+z = 0,\quad x+5y-z = 0$$

から z を消去すると，

$$3x+6y = 0,\quad 2x+4y = 0$$

などとなる．これから，p を任意として，$x=-2p$, $y=p$, $z=3p$ を得る．

［**3**］ (1) 係数行列は

$$A = (\boldsymbol{a}_1, \boldsymbol{a}_2, \boldsymbol{a}_3) = \begin{pmatrix} 1 & -2 & 1 \\ -3 & 1 & -2 \\ 5 & -5 & 4 \end{pmatrix}$$

で，$|A|=0$ となるので，自明でない解をもつ．$\boldsymbol{a}_1=\alpha\boldsymbol{a}_2+\beta\boldsymbol{a}_3$ とおき α, β を求めると，$\alpha=1/3$, $\beta=5/3$ となる．

$$c_1\boldsymbol{a}_1+c_2\boldsymbol{a}_2+c_3\boldsymbol{a}_3 = \left(c_2+\frac{1}{3}c_1\right)\boldsymbol{a}_2+\left(c_3+\frac{5}{3}c_1\right)\boldsymbol{a}_3 = 0$$

$c_1=1$ とおくと $c_2=-1/3$, $c_3=-5/3$. p を任意のパラメータとして解は $x=p$, $y=-p/3$, $z=-5p/3$ となる.

(2) 係数行列式は零でないので，自明な解しかもたない.

(3) 係数行列は

$$A=(\boldsymbol{a}_1,\boldsymbol{a}_2,\boldsymbol{a}_3)=\begin{pmatrix}4 & 2 & 3\\ 1 & 5 & -1\\ 5 & -11 & 9\end{pmatrix}$$

で，$|A|=0$. $\boldsymbol{a}_1=(7/17)\boldsymbol{a}_2+(18/17)\boldsymbol{a}_3$ となるから

$$c_1\boldsymbol{a}_1+c_2\boldsymbol{a}_2+c_3\boldsymbol{a}_3=\left(c_2+\frac{7}{17}c_1\right)\boldsymbol{a}_2+\left(c_3+\frac{18}{17}c_1\right)\boldsymbol{a}_3=0$$

より，$c_1=17$, $c_2=-7$, $c_3=-18$ と選べる. p を任意定数とすれば，解は，$x=17p$, $y=-7p$, $z=-18p$.

(4) z を任意定数 p とすると，y を消去して，$x=3p$, x を消去して，$y=-4p$, $z=p$.

第5章

問題 5–1

［**1**］ $\begin{pmatrix}\alpha & \beta\\ \gamma & \delta\end{pmatrix}\begin{pmatrix}\boldsymbol{a}_1\\ \boldsymbol{a}_2\end{pmatrix}=\begin{pmatrix}\alpha\boldsymbol{a}_1+\beta\boldsymbol{a}_2\\ \gamma\boldsymbol{a}_1+\delta\boldsymbol{a}_2\end{pmatrix}$ であるから，第1行の α 倍に第2行の β 倍を加え，第2行の δ 倍に第1行の γ 倍を加える操作を表わす.

［**2**］ $(\boldsymbol{a}_1,\boldsymbol{a}_2)\begin{pmatrix}\alpha & \beta\\ \gamma & \delta\end{pmatrix}=(\alpha\boldsymbol{a}_1+\gamma\boldsymbol{a}_2,\beta\boldsymbol{a}_1+\delta\boldsymbol{a}_2)$

から，第1列の α 倍に第2列の γ 倍を加える等がわかる.

［**3**］ (1) $2x+y=1$ と $-\dfrac{3}{2}y=\dfrac{3}{2}$ となるから，$y=-1$, $x=1$.

(2) $2x-y=2$ と $3y=-2$ となるから，$y=-\dfrac{2}{3}$, $x=\dfrac{2}{3}$.

(3) 第2式から x, 第3式から y を順番に消去すればよい. (5.4) を使う場合は (5.5) より $3+2\alpha=0$, $2\beta+3\gamma=0$, $3-3\beta+2\gamma=0$ なので，$\alpha=-\dfrac{3}{2}$, $\beta=\dfrac{9}{13}$, $\gamma=-\dfrac{6}{13}$. このとき (5.9) は

$$\begin{pmatrix}2 & -3 & 1\\ 0 & \dfrac{13}{2} & -\dfrac{9}{2}\\ 0 & 0 & \dfrac{40}{13}\end{pmatrix}\begin{pmatrix}x\\ y\\ z\end{pmatrix}=\begin{pmatrix}0\\ 11\\ -\dfrac{40}{13}\end{pmatrix}$$

となり，下の行から順に $z=-1$, $y=\dfrac{2}{13}\left(11+\dfrac{9}{2}z\right)=1$, $x=\dfrac{1}{2}(3y-z)=2$ が得られる.

(4)　第3式に第1式を加え第2式を引くと，第3式は0=0となる．第2式に第1式の2/3倍を加えると，第2式は $-\frac{1}{3}y-\frac{1}{3}z=7$ となるので，与えられた方程式は

$$-3x+y-2z = 3, \quad -\frac{1}{3}y-\frac{1}{3}z = 7, \quad 0 = 0$$

と同等である．この式から z は任意パラメータ p と置ける：$z=p$．これから $y=-21-p$，$x=-8-p$．解をベクトル $\boldsymbol{x}$ で示すと，$\boldsymbol{x}=(-8, -21, 0)+(-1, -1, 1)p$．

［4］　題意から

$$A = \left(\begin{array}{ccc|c} & A' & & \begin{matrix} a_{1n} \\ \vdots \\ a_{n-1,n} \end{matrix} \\ \hline a_{n1} & \cdots & a_{n,n-1} & a_{nn} \end{array}\right), \quad B = \left(\begin{array}{ccc|c} & B' & & 0 \\ \hline b_{n1} & \cdots & b_{n,n-1} & b_{nn} \end{array}\right)$$

と書け，$B'A'$ は右上三角行列である．このとき

$$BA = \left(\begin{array}{c|c} B'A' & B'\begin{pmatrix} a_{1n} \\ \vdots \\ a_{n-1,n} \end{pmatrix} \\ \hline (b_{n1}, \cdots, b_{n,n-1})A'+b_{nn}(a_{n1}, \cdots, a_{n,n-1}) & * \end{array}\right)$$

$$* = b_{n1}a_{1n}+b_{n2}a_{2n}+\cdots+b_{nn}a_{nn}$$

となる．仮定から $|A'|\neq 0$ だから，$(b_{n1}, \cdots, b_{n,n-1})=-b_{nn}(a_{n1}, \cdots, a_{n,n-1})(A')^{-1}$ と $b_{n1}, \cdots, b_{n,n-1}$ を決められる．このとき BA の右辺は右上三角行列になっている．

問題 5–2

［1］　(1)　$A=\begin{pmatrix} a & b \\ c & d \end{pmatrix}$ とおく．$d=0$ なら，第1列と第2列を入れ替える．$d\neq 0$ なら，第1列から第2列の c/d 倍を引く．この結果，A は次の形をとる．

$$\begin{pmatrix} a-\dfrac{bc}{d} & b \\ 0 & d \end{pmatrix}$$

(2)　(1)より，A は右上三角行列 $\begin{pmatrix} a & b \\ 0 & d \end{pmatrix}$ と考えてよい．$|A|=ad\neq 0$ だから，第2列から第1列の b/a 倍を引くと，A は $\begin{pmatrix} a & 0 \\ 0 & d \end{pmatrix}$ となる．

(3)　行基本変形または列基本変形を使って，A を(1)の形に変換する．$|A|=0$ であるから，A は $\begin{pmatrix} a & b \\ 0 & 0 \end{pmatrix}$ または $\begin{pmatrix} 0 & b \\ 0 & d \end{pmatrix}$ となる．はじめの場合は，行基本変形で対角行列にできない．2番目の場合は，列基本変形で対角化できない．

(4)　上の(3)のはじめの場合は列基本変形，2番目の場合は行基本変形を使えばよい．

［**2**］ (1) 第1行または第1列をα倍する． (2) 第3行のα倍を第1行に加える．または，第1列のα倍を第3列に加える． (3) 第1行と第3行を入れ替える．または，第1列と第3列を入れ替える．

［**3**］ $\alpha\neq 0$とすると，それぞれ

(1) $\begin{pmatrix} \dfrac{1}{\alpha} & 0 & 0 \\ 0 & 1 & 0 \\ 0 & 0 & 1 \end{pmatrix}$ (2) $\begin{pmatrix} 1 & 0 & -\alpha \\ 0 & 1 & 0 \\ 0 & 0 & 1 \end{pmatrix}$ (3) $\begin{pmatrix} 0 & 0 & 1 \\ 0 & 1 & 0 \\ 1 & 0 & 0 \end{pmatrix}$

［**4**］ (1)

$$\left(\begin{array}{ccc|ccc} 1 & 3 & 2 & 1 & 0 & 0 \\ 1 & 2 & 4 & 0 & 1 & 0 \\ 1 & 1 & 3 & 0 & 0 & 1 \end{array}\right) \xrightarrow[\text{第2行から第1行を引く}]{\text{第3行から第2行を引き，}} \left(\begin{array}{ccc|ccc} 1 & 3 & 2 & 1 & 0 & 0 \\ 0 & -1 & 2 & -1 & 1 & 0 \\ 0 & -1 & -1 & 0 & -1 & 1 \end{array}\right)$$

$$\xrightarrow[\text{第3行から第2行を引く}]{} \left(\begin{array}{ccc|ccc} 1 & 3 & 2 & 1 & 0 & 0 \\ 0 & -1 & 2 & -1 & 1 & 0 \\ 0 & 0 & -3 & 1 & -2 & 1 \end{array}\right) \xrightarrow[\text{第3行×2/3を第2行に加える}]{} \left(\begin{array}{ccc|ccc} 1 & 3 & 2 & 1 & 0 & 0 \\ 0 & -1 & 0 & -\dfrac{1}{3} & -\dfrac{1}{3} & \dfrac{2}{3} \\ 0 & 0 & -3 & 1 & -2 & 1 \end{array}\right)$$

$$\xrightarrow[\text{第2行×3を第1行に加える}]{} \left(\begin{array}{ccc|ccc} 1 & 0 & 2 & 0 & -1 & 2 \\ 0 & -1 & 0 & -\dfrac{1}{3} & -\dfrac{1}{3} & \dfrac{2}{3} \\ 0 & 0 & -3 & 1 & -2 & 1 \end{array}\right) \xrightarrow[\text{第3行×2/3を第1行に加える}]{} \left(\begin{array}{ccc|ccc} 1 & 0 & 0 & \dfrac{2}{3} & -\dfrac{7}{3} & \dfrac{8}{3} \\ 0 & -1 & 0 & -\dfrac{1}{3} & -\dfrac{1}{3} & \dfrac{2}{3} \\ 0 & 0 & -3 & 1 & -2 & 1 \end{array}\right)$$

$$\xrightarrow[\text{第2行を }-1\text{ 倍し，第3行を }-3\text{ で割る}]{} \left(\begin{array}{ccc|ccc} 1 & 0 & 0 & \dfrac{2}{3} & -\dfrac{7}{3} & \dfrac{8}{3} \\ 0 & 1 & 0 & \dfrac{1}{3} & \dfrac{1}{3} & -\dfrac{2}{3} \\ 0 & 0 & 1 & -\dfrac{1}{3} & \dfrac{2}{3} & -\dfrac{1}{3} \end{array}\right)$$

(2)

$$\left(\begin{array}{ccc|ccc} 1 & a & b & 1 & 0 & 0 \\ 0 & 1 & c & 0 & 1 & 0 \\ 0 & 0 & 1 & 0 & 0 & 1 \end{array}\right) \xrightarrow[\text{第3行×}c\text{を第2行から引く}]{\text{第3行×}b\text{を第1行から，第}} \left(\begin{array}{ccc|ccc} 1 & a & 0 & 1 & 0 & -b \\ 0 & 1 & 0 & 0 & 1 & -c \\ 0 & 0 & 1 & 0 & 0 & 1 \end{array}\right)$$

$$\xrightarrow[\text{第2行×}a\text{を第1行から引く}]{} \left(\begin{array}{ccc|ccc} 1 & 0 & 0 & 1 & -a & -b+ac \\ 0 & 1 & 0 & 0 & 1 & -c \\ 0 & 0 & 1 & 0 & 0 & 1 \end{array}\right)$$

［**5**］ 第1行(または第1列)に0でない成分があれば，その成分を含む1つの列(または行)を第1列に移す．この$(1,1)$成分により，第1列と第1行の他の成分を0とするこ

とができる．以下，右下の2次行列について同様の変形を行ない，対角成分だけを残していく．

問題 5–3

［**1**］ (1) 第3行から第1行を引けば $(1,0,0)^{\mathrm{T}}$ となり，階数1.

(2) $$\begin{pmatrix}1 & 2\\ -2 & 2\end{pmatrix}\xrightarrow[\text{2行に加える}]{\text{第1行×2を第}}\begin{pmatrix}1 & 2\\ 0 & 6\end{pmatrix}\xrightarrow[\text{第1行から引く}]{\text{第2行×1/3を}}\begin{pmatrix}1 & 0\\ 0 & 1\end{pmatrix}$$

これより，階数2.

(3) $$\begin{pmatrix}1 & 0\\ 2 & 2\\ 3 & 2\end{pmatrix}\xrightarrow{\text{第1行×2を第2行から，第1行×3を第3行から引く}}\begin{pmatrix}1 & 0\\ 0 & 2\\ 0 & 2\end{pmatrix}\xrightarrow{\text{第3行から第2行を引き，第2行を2で割る}}\begin{pmatrix}1 & 0\\ 0 & 1\\ 0 & 0\end{pmatrix}$$

これより階数2.

(4) $$\begin{pmatrix}a & 0 & b\\ 0 & c & 0\\ d & 0 & 1\end{pmatrix}\xrightarrow{\text{第1行と第3行を入れ替え，第1列と第3列を入れ替える}}\begin{pmatrix}1 & 0 & d\\ 0 & c & 0\\ b & 0 & a\end{pmatrix}\xrightarrow{\text{第1行×}b\text{を第3行から引き，第1列×}d\text{を第3列から引く}}\begin{pmatrix}1 & 0 & 0\\ 0 & c & 0\\ 0 & 0 & a-bd\end{pmatrix}$$

より，$c(a-bd)\neq 0$ のとき階数3. $c=0$, $a-bd\neq 0$ または，$c\neq 0$, $a-bd=0$ のとき階数2, $c=a-bd=0$ のとき階数1.

［**2**］ (1) 拡大係数行列を変形する.

$$\left(\begin{array}{cc|c}1 & 2 & 4\\ 1 & 1 & 3\\ 1 & 3 & 5\end{array}\right)\xrightarrow{\text{第2行，第3行から第1行を引く}}\left(\begin{array}{cc|c}1 & 2 & 4\\ 0 & -1 & -1\\ 0 & 1 & 1\end{array}\right)\xrightarrow{\text{第3行に第2行を加える}}\left(\begin{array}{cc|c}1 & 0 & 2\\ 0 & 1 & 1\\ 0 & 0 & 0\end{array}\right)$$

これから $x_1=2$, $x_2=1$.

(2) $$\left(\begin{array}{ccc|c}1 & 1 & 1 & 0\\ 1 & p & 1 & 0\\ p & 1 & 0 & 1\end{array}\right)\xrightarrow{\text{第2行から第1行を引く，第3行から第1行×}p\text{を引く}}\left(\begin{array}{ccc|c}1 & 1 & 1 & 0\\ 0 & p-1 & 0 & 0\\ 0 & 1-p & -p & 1\end{array}\right)$$

$$\xrightarrow{\text{第3行に第2行を加える}}\left(\begin{array}{ccc|c}1 & 1 & 1 & 0\\ 0 & p-1 & 0 & 0\\ 0 & 0 & -p & 1\end{array}\right)$$

これから，$p=0$ ならば解は存在しない．$p=1$ ならば，$x_1=1-x_2$, $x_3=-1$, x_2 は任意. $p\neq 0$, $p\neq 1$ ならば，$x_1=\dfrac{1}{p}$, $x_2=0$, $x_3=-\dfrac{1}{p}$.

(3) $\left(\begin{array}{cccc|c} 1 & 1 & \frac{1}{2} & 0 & 2 \\ 1 & -1 & 2 & 2 & 5 \\ 1 & 2 & -1 & -1 & 2 \end{array}\right) \xrightarrow[\text{第2行，第3行から第1行を引く}]{} \left(\begin{array}{cccc|c} 1 & 1 & \frac{1}{2} & 0 & 2 \\ 0 & -2 & \frac{3}{2} & 2 & 3 \\ 0 & 1 & -\frac{3}{2} & -1 & 0 \end{array}\right)$

$\xrightarrow[\text{第2行×1/2を第3行に加える}]{} \left(\begin{array}{cccc|c} 1 & 1 & \frac{1}{2} & 0 & 2 \\ 0 & 1 & -\frac{3}{4} & -1 & -\frac{3}{2} \\ 0 & 0 & -\frac{3}{4} & 0 & \frac{3}{2} \end{array}\right) \xrightarrow[\text{第2行を第1行から引き，第3行を第2行に加え，第3行を−4/3倍する}]{} \left(\begin{array}{cccc|c} 1 & 0 & \frac{5}{4} & 1 & \frac{7}{2} \\ 0 & 1 & 0 & -1 & -3 \\ 0 & 0 & 1 & 0 & -2 \end{array}\right)$

$\xrightarrow[\text{第3行×5/4を第1行から引く}]{} \left(\begin{array}{cccc|c} 1 & 0 & 0 & 1 & 6 \\ 0 & 1 & 0 & -1 & -3 \\ 0 & 0 & 1 & 0 & -2 \end{array}\right)$

これから，$(x_1, x_2, x_3, x_4)=(6-x_4, -3+x_4, -2, x_4)$ で，x_4 は任意である．

[3] $PA=E$ より $A=P^{-1}$．$\therefore\ AP=P^{-1}P=E$．$AQ=E$ より，$A=Q^{-1}$．$\therefore\ QA=QQ^{-1}=E$．

[4] (5.14)より，$n=m=r$ のとき，$|PA|=|P||A|=1$．$\therefore |A|\neq 0$．逆に $n=m>r$ のとき，$|PA|=|P||A|=0$．$|P|\neq 0$ より $|A|=0$．

[5] 1次独立な l 個の列ベクトルを $(\overbrace{1, 0, 0, \cdots, 0}^{l}, a)^{\mathrm{T}}, (\overbrace{0, 1, 0, \cdots, 0}^{l}, b)^{\mathrm{T}}, \cdots, (\overbrace{0, \cdots, 0, 1}^{l}, c)^{\mathrm{T}}$ と選ぶ．ここで $a, b, \cdots, c$ はそれぞれ $m-l$ 個の数の配列である．$\{\boldsymbol{a}_k\}$ のすべてのベクトルは，これらの列ベクトルの1次結合で表わせる．行の基本変形により，はじめの l 列がこれらの1次独立な列ベクトルで，他の列はすべて零ベクトルになるように変形する((5.20)式参照)．これから $\mathrm{rank}\,A=l$ が得られる．

[6] 標準形を S_{r} とすると，$PAQ=S_{\mathrm{r}}$．これから $PR^{-1}(RA)Q=S_{\mathrm{r}}$, $P(AS)S^{-1}Q=S_{\mathrm{r}}$ なので，RA, AS を標準形とする行列はそれぞれ PR^{-1} と Q, P と $S^{-1}Q$ であることがわかる．

[7] A が行基本行列 P と列基本行列 Q により標準形 S_{r} に変換されるとする．$PAQ=S_{\mathrm{r}}$．このとき $PR^{-1}(RAS)S^{-1}Q=S_{\mathrm{r}}$ で，$PR^{-1}, S^{-1}Q$ は正則であるから，PR^{-1} と $S^{-1}Q$ は RAS を標準形に変換する行基本行列と列基本行列となり，S_{r} は RAS の標準形である．したがって，$\mathrm{rank}(RAS)=\mathrm{rank}\,A$．

[8] $m\leqq n$ とする．A を行ベクトル $\{\boldsymbol{a}_k\}$ で表わし，B を行ベクトル $\{\boldsymbol{b}_k\}$ で表わす．$\{\boldsymbol{a}_k\}$ のうち1次独立なベクトルの個数を l とすれば $l=\mathrm{rank}\,A$，$\{\boldsymbol{b}_k\}$ のうち1次独立なベクトルの個数を m とすれば $m=\mathrm{rank}\,B$．$A+B=(\boldsymbol{a}_k+\boldsymbol{b}_k)$ のうち1次独立なベクト

ルの個数は $l+m$ 以下である．したがって，$\mathrm{rank}(A+B)\leqq l+m=\mathrm{rank}\,A+\mathrm{rank}\,B$．$m>n$ のときは，同様の議論を列ベクトルに対して行なえばよい．

［9］ (1) $\boldsymbol{x}$ を定める1次方程式の係数行列の階数は2である．したがって $\boldsymbol{x}$ の自由度は $3-2=1$ となり，これが U の次元となる．$\dim U=1$．

(2) γ を係数とするベクトルは α と β を係数とする独立な2つのベクトルの1次結合 $(2,2,1)^{\mathrm{T}}=(1,0,1)^{\mathrm{T}}+(1,2,0)^{\mathrm{T}}$ であるから

$$U=\left\{(\alpha+\gamma)\begin{pmatrix}1\\0\\1\end{pmatrix}+(\beta+\gamma)\begin{pmatrix}1\\2\\0\end{pmatrix}\middle|\,\alpha,\beta,\gamma\text{ は任意の実数}\right\}$$

となり，$\dim U=2$．

(3) $V\cap W$ は連立1次方程式 $x_1+x_2+x_3=0$, $x_1+2x_2+3x_3=0$ の解である．解は $x_1=x_3$, $x_2=-2x_3$ (x_3 は任意)であるから，$V\cap W=\{\alpha(1,-2,1)\,|\,\alpha$ は任意の数$\}$ となり，$\dim U=1$．

［10］ $V\cap W$ の基底 $\{\boldsymbol{e}_i\}(i=1,2,\cdots,k,\ k=\dim(V\cap W))$ に，V の元 $\{\boldsymbol{f}_i\}(i=k+1,\cdots,l;\,l=\dim V)$ をつけ加え，V の基底 $\{\boldsymbol{e}_1,\boldsymbol{e}_2,\cdots,\boldsymbol{e}_k,\boldsymbol{f}_{k+1},\cdots,\boldsymbol{f}_l\}$ をつくる．また，W の元 $\{\boldsymbol{g}_j\}(j=k+1,\cdots,m;\,m=\dim W)$ をつけ加え，W の基底 $\{\boldsymbol{e}_1,\boldsymbol{e}_2,\cdots,\boldsymbol{e}_k,\boldsymbol{g}_{k+1},\cdots,\boldsymbol{g}_m\}$ をつくる．このとき $\{\boldsymbol{e}_1,\boldsymbol{e}_2,\cdots,\boldsymbol{e}_k,\boldsymbol{f}_{k+1},\cdots,\boldsymbol{f}_l,\boldsymbol{g}_{k+1},\cdots,\boldsymbol{g}_m\}$ の $l+m-k$ 個の基底は1次独立である．(1次従属とすれば，例えば $\boldsymbol{f}_{k+1}$ が $\{\boldsymbol{e}_i\}$ と $\{\boldsymbol{g}_j\}$ の1次結合となり，$\boldsymbol{f}_{k+1}$ が W に属さないという仮定と矛盾する)．$V+W$ の基底は V の基底と W の基底で張られるから，$\{\boldsymbol{e}_1,\boldsymbol{e}_2,\cdots,\boldsymbol{e}_k,\boldsymbol{f}_{k+1},\cdots,\boldsymbol{f}_l,\boldsymbol{g}_{k+1},\cdots,\boldsymbol{g}_m\}$ で張られる．したがって

$$\dim(V+W)=l+m-k=\dim V+\dim W-\dim(V\cap W)$$

第6章

問題 6–1

［1］ $u_{11}=a$, $u_{22}=b$ だから $a^2+\left(\frac{1}{2}\right)^2=1$, $\left(-\frac{1}{2}\right)^2+b^2=1$ より，$a=\pm\frac{\sqrt{3}}{2}$, $b=\pm\frac{\sqrt{3}}{2}$．$-\frac{1}{2}a+\frac{1}{2}b=0$ から $a=b=\pm\frac{\sqrt{3}}{2}$．

［2］ 問題 4–1 ［7］の結果および $U^{-1}=U^{\mathrm{T}}$ を使うと

$$\left(\begin{array}{cc|c} \multicolumn{2}{c|}{\multirow{2}{*}{U}} & 0\\ & & 0\\ \hline 0 & 0 & 1\end{array}\right)^{-1}=\left(\begin{array}{cc|c} \multicolumn{2}{c|}{U^{-1}} & 0\\ & & 0\\ \hline 0 & 0 & 1\end{array}\right)=\left(\begin{array}{cc|c} \multicolumn{2}{c|}{U^{\mathrm{T}}} & 0\\ & & 0\\ \hline 0 & 0 & 1\end{array}\right)=\left(\begin{array}{cc|c} \multicolumn{2}{c|}{U} & 0\\ & & 0\\ \hline 0 & 0 & 1\end{array}\right)^{\mathrm{T}}$$

したがって(6.4)式が成立する．

［3］ xy 座標系の極座標を (r,ϕ) とする．P の座標を $x=r\cos\phi$, $y=r\sin\phi$ とすれば，

問題解答 6

$x'y'$ 座標系の P の座標は $x'=r\cos(\phi-\theta)$, $y'=r\sin(\phi-\theta)$ となり，この変換は

$$\begin{pmatrix} x' \\ y' \end{pmatrix} = \begin{pmatrix} r\cos\phi\cos\theta + r\sin\phi\sin\theta \\ r\sin\phi\cos\theta - r\cos\phi\sin\theta \end{pmatrix} = \begin{pmatrix} \cos\theta & \sin\theta \\ -\sin\theta & \cos\theta \end{pmatrix}\begin{pmatrix} x \\ y \end{pmatrix}$$

と書ける．この1次変換の行列は直交行列である．

[4]　極座標を使って点 $P(x, y)$ の座標を (r, ϕ) とすれば，$x=r\cos\phi$, $y=r\sin\phi$, $x'=r\cos\theta\cos\phi+r\sin\theta\sin\phi=r\cos(\theta-\phi)$, $y'=r\sin\theta\cos\phi-r\cos\theta\sin\phi=r\sin(\theta-\phi)$. 角 $\theta-\phi$ は $2\left(\dfrac{\theta}{2}-\phi\right)+\phi$ と書き直すとわかるように，角 ϕ の点を $y=\left(\tan\dfrac{\theta}{2}\right)x$ に関して対称な角 $\theta-\phi$ の点に移す．

[5]　角 θ の回転を表わす U_R を $(x, y)^T$ にかけた後に，

$$U_T = \begin{pmatrix} \cos\phi & \sin\phi \\ \sin\phi & -\cos\phi \end{pmatrix}$$

をかける．解は

$$U_TU_R = \begin{pmatrix} \cos\phi & \sin\phi \\ \sin\phi & -\cos\phi \end{pmatrix}\begin{pmatrix} \cos\theta & -\sin\theta \\ \sin\theta & \cos\theta \end{pmatrix} = \begin{pmatrix} \cos(\phi-\theta) & \sin(\phi-\theta) \\ \sin(\phi-\theta) & -\cos(\phi-\theta) \end{pmatrix}$$

[6]　各列ベクトルの大きさが1であることは明らか．直交性を調べる．

$$\begin{aligned} &\cos\theta\cos\varphi\cdot\sin\theta\cos\varphi+\cos\theta\sin\varphi\cdot\sin\theta\sin\varphi+(-\sin\theta)\cdot\cos\theta \\ &\quad = \cos\theta\sin\theta-\sin\theta\cos\theta = 0 \end{aligned}$$

他の列ベクトルの関係も同様に確かめられる．

問題 6-2

[1]　(1) $\begin{vmatrix} 2-\lambda & 5 \\ 4 & 3-\lambda \end{vmatrix}=\lambda^2-5\lambda-14=(\lambda+2)(\lambda-7)=0$. $\lambda=-2$ に対応する固有ベクトルは $(5, -4)$, $\lambda=7$ に対応する固有ベクトルは $(1, 1)$.

(2)　$\begin{vmatrix} 1-\lambda & 2 \\ 0 & 1-\lambda \end{vmatrix}=(\lambda-1)^2=0$. $\lambda=1$ は重根で，$\begin{pmatrix} 1-1 & 2 \\ 0 & 1-1 \end{pmatrix}=\begin{pmatrix} 0 & 2 \\ 0 & 0 \end{pmatrix}$ の階数は1. $\lambda=1$ に対応する固有ベクトルの個数(自由度)は，$2-1=1$ で，$\boldsymbol{r}=(1, 0)$ となる．

(3)　固有方程式は $(\lambda-1)(\lambda-2)(\lambda-3)=0$ となる．$\lambda=1, 2, 3$ に対応する固有ベクトルをそれぞれ $\boldsymbol{r}_1, \boldsymbol{r}_2, \boldsymbol{r}_3$ とすれば

$$\begin{pmatrix} 0 & 1 & 2 \\ 0 & 1 & 2 \\ -1 & 1 & 2 \end{pmatrix}\boldsymbol{r}_1 = 0, \quad \begin{pmatrix} -1 & 1 & 2 \\ 0 & 0 & 2 \\ -1 & 1 & 1 \end{pmatrix}\boldsymbol{r}_2 = 0, \quad \begin{pmatrix} -2 & 1 & 2 \\ 0 & -1 & 2 \\ -1 & 1 & 0 \end{pmatrix}\boldsymbol{r}_3 = 0$$

より $\boldsymbol{r}_1=(0, 2, -1)^T$, $\boldsymbol{r}_2=(1, 1, 0)^T$, $\boldsymbol{r}_3=(2, 2, 1)^T$ となる．

(4)　固有方程式は $(1-\lambda)^3=0$. 固有値は $\lambda=1$ (3重根)．このとき固有ベクトル $\boldsymbol{r}$ の係数行列は

$$\begin{pmatrix} 0 & 1 & 1 \\ 0 & 0 & 0 \\ 0 & 0 & 0 \end{pmatrix}$$

となり，階数は1．固有ベクトルの自由度は$3-1=2$なので2つある．$\boldsymbol{r}=(1,0,0)$と$\boldsymbol{r}=(0,1,-1)$である．

［2］(1) $\begin{vmatrix} \cos\theta-\lambda & -\sin\theta \\ \sin\theta & \cos\theta-\lambda \end{vmatrix}=(\cos\theta-\lambda)^2+\sin^2\theta=0$より，$\lambda_1=\cos\theta+i\sin\theta$, $\lambda_2=\cos\theta-i\sin\theta$ $(i^2=-1)$．λ_1に対応する固有ベクトル$\boldsymbol{r}_1$は

$$\begin{pmatrix} -i\sin\theta & -\sin\theta \\ \sin\theta & -i\sin\theta \end{pmatrix}\boldsymbol{r}_1=0$$

より，$\boldsymbol{r}_1=(1,-i)^{\mathrm{T}}$．同様に$\lambda_2$に対応する固有ベクトル$\boldsymbol{r}_2$は$\boldsymbol{r}_2=(1,i)^{\mathrm{T}}$となる．

(2) 固有方程式は$(\lambda-1)(\lambda-1+\sqrt{2}\,i)(\lambda-1-\sqrt{2}\,i)=0$．$\lambda=1, 1\pm\sqrt{2}\,i$に対応する固有ベクトルをそれぞれ$\boldsymbol{r}_1, \boldsymbol{r}_\pm$(複号同順)とすると

$$\begin{pmatrix} 0 & 0 & -2 \\ 3 & 0 & 2 \\ 1 & 0 & 0 \end{pmatrix}\boldsymbol{r}_1=0, \qquad \begin{pmatrix} \mp\sqrt{2}\,i & 0 & -2 \\ 3 & \mp\sqrt{2}\,i & 2 \\ 1 & 0 & \mp\sqrt{2}\,i \end{pmatrix}\boldsymbol{r}_\pm=0$$

より，$\boldsymbol{r}_1=(0,1,0)^{\mathrm{T}}$，$\boldsymbol{r}_\pm=(\pm\sqrt{2}\,i, 3\mp\sqrt{2}\,i, 1)^{\mathrm{T}}$．

［3］固有値は固有方程式できまる．$|A^{\mathrm{T}}-\lambda E|=|(A-\lambda E)^{\mathrm{T}}|=|A-\lambda E|=0$だから，$A^{\mathrm{T}}$の固有値は$A$の固有値と一致する．

［4］$|P^{-1}AP-\lambda E|=|P^{-1}(A-\lambda E)P|=|P|^{-1}|A-\lambda E||P|=|A-\lambda E|=0$より，$P^{-1}AP$は$A$と同じ固有値をもつ．

［5］Aをエルミート行列$(A^*=A)$，λをAの固有値，$\boldsymbol{r}$を固有ベクトルとし，複素共役を$\bar{A}, \bar{\lambda}, \bar{\boldsymbol{r}}$で表わすと，$A\boldsymbol{r}=\lambda\boldsymbol{r}$より$\bar{\boldsymbol{r}}^{\mathrm{T}}A^*=\bar{\lambda}\bar{\boldsymbol{r}}^{\mathrm{T}}$．$A^*=A$と替え，右から$\boldsymbol{r}$をかけると，$\lambda\bar{\boldsymbol{r}}^{\mathrm{T}}\boldsymbol{r}=\bar{\lambda}\bar{\boldsymbol{r}}^{\mathrm{T}}\boldsymbol{r}$．これから$(\lambda-\bar{\lambda})|\boldsymbol{r}|^2=0$．ここで$|\boldsymbol{r}|$は複素ベクトルの大きさで，$|\boldsymbol{r}|\neq 0$．これから$\lambda=\bar{\lambda}$．したがって$\lambda$は実数である．

［6］$\lambda_1, \lambda_2, \lambda_3$を$A$の固有値，対応する固有ベクトルを$\boldsymbol{r}_1, \boldsymbol{r}_2, \boldsymbol{r}_3$とする．$c_1, c_2, c_3$を定数として，

$$c_1\boldsymbol{r}_1+c_2\boldsymbol{r}_2+c_3\boldsymbol{r}_3=0 \qquad ①$$

とおく．左からA, A^2をかけると，それぞれ

$$c_1\lambda_1\boldsymbol{r}_1+c_2\lambda_2\boldsymbol{r}_2+c_3\lambda_3\boldsymbol{r}_3=0 \qquad ②$$

$$c_1\lambda_1^2\boldsymbol{r}_1+c_2\lambda_2^2\boldsymbol{r}_2+c_3\lambda_3^2\boldsymbol{r}_3=0 \qquad ③$$

が得られる．①〜③から$\boldsymbol{r}_1, \boldsymbol{r}_2$を消去すると，$c_3(\lambda_1-\lambda_3)(\lambda_2-\lambda_3)\boldsymbol{r}_3=0$となる．$\lambda_1\neq\lambda_3$，$\lambda_2\neq\lambda_3$であるから$c_3=0$．同様に$\boldsymbol{r}_2, \boldsymbol{r}_3$を消去すれば，$c_1=0$．同様に$c_2=0$がいえる．

したがって，$\boldsymbol{r}_1, \boldsymbol{r}_2, \boldsymbol{r}_3$ は1次独立となる．

[7]　(6.5)式は $\boldsymbol{x}=(x, v)$ に対し

$$\frac{d}{dt}\boldsymbol{x}=A\boldsymbol{x},\quad A=\begin{pmatrix}0 & 1\\ -\omega^2 & 0\end{pmatrix}$$

という形をとる．固有値を λ とすれば固有方程式は $\lambda^2+\omega^2=0$ となり，$\lambda=\pm i\omega$ ($i^2=-1$) が得られる．対応する固有ベクトルは $\boldsymbol{r}_\pm=(1, \pm i\omega)^{\mathrm{T}}$ (復号同順) である．解は $\boldsymbol{x}_\pm=(1, \pm i\omega)^{\mathrm{T}}e^{\pm i\omega t}$ となる．

問題 6–3

[1]　(1)　対称行列であるから対角化できる．固有値は $\lambda_\pm=2\pm\sqrt{5}$．対応する固有ベクトルは $\boldsymbol{r}_\pm=(2, 1\pm\sqrt{5})$ なので，行列

$$P=\begin{pmatrix}2 & 2\\ 1+\sqrt{5} & 1-\sqrt{5}\end{pmatrix},\quad P^{-1}=\frac{1}{4\sqrt{5}}\begin{pmatrix}-1+\sqrt{5} & 2\\ 1+\sqrt{5} & -2\end{pmatrix}$$

によって対角化され

$$P^{-1}\begin{pmatrix}1 & 2\\ 2 & 3\end{pmatrix}P=\begin{pmatrix}2+\sqrt{5} & 0\\ 0 & 2-\sqrt{5}\end{pmatrix}$$

(2)　固有方程式は $(\lambda-2)(\lambda+3)=0$ となり，根は単根なので対角化できる．$\lambda=2$ に対応する固有ベクトルは $\boldsymbol{r}_1=(4, 1)^{\mathrm{T}}$, $\lambda=-3$ に対応する固有ベクトルは $\boldsymbol{r}_2=(1, -1)^{\mathrm{T}}$ で

$$P=\begin{pmatrix}4 & 1\\ 1 & -1\end{pmatrix}\quad \text{により}\quad P^{-1}\begin{pmatrix}1 & 4\\ 1 & -2\end{pmatrix}P=\begin{pmatrix}2 & 0\\ 0 & -3\end{pmatrix}$$

となる．

(3)　固有方程式は $(2-\lambda)^2=0$．$\lambda=2$ は重根．$\mathrm{rank}\begin{pmatrix}2-2 & 0\\ 1 & 2-2\end{pmatrix}=1$ なので，自由度は $2-1=1$．よって対角化はできない．

(4)　固有値は $\lambda_1=3$, $\lambda_2=1$, $\lambda_3=-2$ で，単根なので対角化可能．相似変換 $P^{-1}AP$ を与える行列 P は

$$P=\begin{pmatrix}1 & 1 & -\frac{6}{5}\\ 0 & 1 & -1\\ 0 & 0 & 1\end{pmatrix},\quad P^{-1}=\begin{pmatrix}1 & -1 & \frac{1}{5}\\ 0 & 1 & 1\\ 0 & 0 & 1\end{pmatrix}$$

対角化された行列は $\begin{pmatrix}3 & 0 & 0\\ 0 & 1 & 0\\ 0 & 0 & -2\end{pmatrix}$ となる．

(5)　対称行列であるから対角化可能．固有値は $\lambda_1=-1$, $\lambda_2=0$, $\lambda_3=2$．対応する固有ベクトルはそれぞれ $(1, 1, 1)^{\mathrm{T}}$, $(0, 1, -1)^{\mathrm{T}}$, $(-2, 1, 1)^{\mathrm{T}}$．得られる対角成分は $(-1, 0, 2)$

となる．

(6)　固有値は $\lambda=0$, $\lambda=1$(重根)．$\lambda=0$ に対応する固有ベクトル $\boldsymbol{r}_1$ は $\boldsymbol{r}_1=(1,1,-1)$．$\lambda=1$ に対し

$$\mathrm{rank}\begin{pmatrix} 3-1 & -2 & 1 \\ 2 & -1-1 & 1 \\ -2 & 2 & -1 \end{pmatrix}=1$$

なので固有ベクトルは $3-1=2$ 個あり，対角化可能．$\lambda=1$ に対応する固有ベクトルを $\boldsymbol{r}_2=(1,1,0)^{\mathrm{T}}$, $\boldsymbol{r}_3=(0,1,2)$ と選ぶと

$$P=\begin{pmatrix} 1 & 1 & 0 \\ 1 & 1 & 1 \\ -1 & 0 & 2 \end{pmatrix},\quad P^{-1}=\begin{pmatrix} -2 & 2 & -1 \\ 3 & -2 & 1 \\ -1 & 1 & 0 \end{pmatrix}$$

を使って対角化された行列 $\mathrm{diag}(0,1,1)$ が得られる．

[2]　固有方程式は $\lambda^2-(a+d)\lambda+ad-bc=0$．判別式 $D=(a-d)^2+4bc>0$ または $D<0$ なら2つの異なる根をもつので，対角化可能．$D=0$ のとき，重根 $\lambda=\dfrac{1}{2}(a+d)$ に対し，対応する固有ベクトルを求める．

$$\begin{cases} \dfrac{1}{2}(a-d)x+by=0 \\ cx+\dfrac{1}{2}(d-a)y=0 \end{cases}$$

これより，$c\neq 0$ なら $x=\dfrac{a-d}{2c}y$ で固有ベクトル $(a-d,2c)^{\mathrm{T}}$ で対角化不可能．

$c=0$ の場合，判別式 D の条件より $a=d$ となり，連立方程式は $by=0$．したがって $b\neq 0$ なら $y=0$．$(x,y)^{\mathrm{T}}=(1,0)^{\mathrm{T}}$ で対角化不可能．$b=0$ の場合は $(1,0)^{\mathrm{T}}$ と $(0,1)^{\mathrm{T}}$ が対応する固有ベクトルなので対角化可能．

[3]　$\lambda_1,\lambda_2,\cdots,\lambda_n$ を対角成分とする対角行列を $\mathrm{diag}(\lambda_1,\lambda_2,\cdots,\lambda_n)$ と書くことにする．A を対角化する行列を P とすると

$$P^{-1}AP=\Lambda=\mathrm{diag}(\lambda_1,\lambda_2,\cdots,\lambda_n)$$
$$P^{-1}A^kP=P^{-1}APP^{-1}AP\cdots P^{-1}AP=\Lambda^k=\mathrm{diag}(\lambda_1^k,\lambda_2^k,\cdots,\lambda_n^k)$$

であるから，$\Lambda^0=E$ として，

$$P^{-1}\varphi(A)P=\sum_{k=0}^{n}a_k\Lambda^k=\mathrm{diag}(\varphi(\lambda_1),\cdots,\varphi(\lambda_n))=O$$

[4]

$$\varphi(\lambda)=|A-\lambda E|=\begin{vmatrix} a_{11}-\lambda & a_{21} & \cdots & a_{n1} \\ a_{21} & a_{22}-\lambda & \cdots & a_{n2} \\ \cdots & \cdots & \cdots & \cdots \\ a_{n1} & a_{n2} & \cdots & a_{nn}-\lambda \end{vmatrix}$$

を対角成分に沿って展開すれば，$\mathrm{Tr}A=a_{11}+a_{22}+\cdots+a_{nn}$ として

$$|A-\lambda E| = (-1)^n\lambda^n+\mathrm{Tr}\,A(-\lambda)^{n-1}+\cdots+|A|$$

一方，$\varphi(\lambda)=(\lambda_1-\lambda)(\lambda_2-\lambda)\cdots(\lambda_n-\lambda)$ であるから，根と係数の関係式を使うと

$$\mathrm{Tr}A = \lambda_1+\lambda_2+\cdots+\lambda_n, \quad |A| = \lambda_1\lambda_2\cdots\lambda_n$$

となる．

問題 6–4

[1] (1) $\boldsymbol{\Phi}=\boldsymbol{x}_1^2+2\boldsymbol{x}_1\boldsymbol{x}_2+2\boldsymbol{x}_2^2=\boldsymbol{x}^{\mathrm{T}}A\boldsymbol{x}$ (A は対称行列) と置くと，$A=\begin{pmatrix}1 & 1\\ 1 & 2\end{pmatrix}$. A の固有値は $\lambda=(3\pm\sqrt{5})/2$.

A を対角化する直交行列は

$$P=\begin{pmatrix}\dfrac{1}{\sqrt{\alpha+2}} & \dfrac{1}{\sqrt{\beta+2}}\\ \dfrac{\alpha}{\sqrt{\alpha+2}} & \dfrac{\beta}{\sqrt{\beta+2}}\end{pmatrix} \quad \text{ここで}\ \alpha=\frac{1+\sqrt{5}}{2},\ \beta=\frac{1-\sqrt{5}}{2}$$

このとき，$\boldsymbol{x}=P\boldsymbol{y}$ とおくと，$\Phi=\alpha^2y_1^2+\beta^2y_2^2=\dfrac{3+\sqrt{5}}{2}y_1^2+\dfrac{3-\sqrt{5}}{2}y_2^2$.

［注意］ $\boldsymbol{\Phi}=(\boldsymbol{x}_1+\boldsymbol{x}_2)^2+\boldsymbol{x}_2^2$ であるから，$\boldsymbol{y}_1=\boldsymbol{x}_1+\boldsymbol{x}_2$, $\boldsymbol{y}_2=\boldsymbol{x}_2$ とおくと，$\boldsymbol{\Phi}=\boldsymbol{y}_1^2+\boldsymbol{y}_2^2$ と書いてもよい．

(2) 問題の 2 次形式を表わす対称行列は

$$A=\begin{pmatrix}1 & \dfrac{1}{2} & \dfrac{1}{2}\\ \dfrac{1}{2} & 1 & 0\\ \dfrac{1}{2} & 0 & 1\end{pmatrix}$$

で固有値は $\lambda=1, \lambda=1\pm\dfrac{1}{\sqrt{2}}$. 対角化する直交行列 P は

$$P=\frac{1}{2}\begin{pmatrix}0 & \sqrt{2} & -\sqrt{2}\\ \sqrt{2} & 1 & 1\\ -\sqrt{2} & 1 & 1\end{pmatrix}$$

$\boldsymbol{x}=P\boldsymbol{y}$ とおくと，$\boldsymbol{\Phi}=\boldsymbol{y}_1^2+\left(1+\dfrac{1}{\sqrt{2}}\right)\boldsymbol{y}_2^2+\left(1-\dfrac{1}{\sqrt{2}}\right)\boldsymbol{y}_3^2$.

[2] [1]の(1)で 2 次形式の標準形は求めてある．

$$x_2 = \frac{\alpha}{\sqrt{\alpha+2}}y_1+\frac{\beta}{\sqrt{\beta+2}}y_2$$

であるから，与式は

$$\alpha^2 y_1^2+\beta^2 y_2^2-\frac{2\alpha}{\sqrt{\alpha+2}}y_1-\frac{2\beta}{\sqrt{\beta+2}}y_2=0.$$

これは変換

$$y_1-\frac{1}{\alpha\sqrt{\alpha+2}}=z_1,\quad y_2-\frac{1}{\beta\sqrt{\beta+2}}=z_2$$

によって,

$$\frac{3+\sqrt{5}}{2}z_1^2+\frac{3-\sqrt{5}}{2}z_2^2=1$$

となり, 楕円となる.

[3] Φ を標準形に変換する. このとき直交変換 $\boldsymbol{x}=P\boldsymbol{y}$ (P は直交行列) を使うと, $|\boldsymbol{x}|=|\boldsymbol{y}|=1$ は変わらない. A を対称行列とし $\Phi=\boldsymbol{x}^{\mathrm{T}}A\boldsymbol{x}$ と書く. $A=\begin{pmatrix}1 & 4\\ 4 & -5\end{pmatrix}$. 固有値は $\lambda=3$ と $\lambda=-7$. $P=\frac{1}{\sqrt{5}}\begin{pmatrix}2 & 1\\ 1 & -2\end{pmatrix}$ と選ぶと, $\Phi=3y_1^2-7y_2^2$ となる. $\Phi=$一定$=c$ は双曲線であり, 円 $|\boldsymbol{y}|=1$ との交点をもつとき c は, $c=3y_1^2-7(1-y_1^2)=10y_1^2-7\geqq-7$ をみたす. これから, Φ の最小値は -7 である.

[4] 標準形を

$$\lambda_1 x_1'^2+\lambda_2 x_2'^2=1$$

としたとき面積は

$$\frac{\pi}{\sqrt{\lambda_1\lambda_2}}$$

である. 固有方程式は

$$\lambda^2-(a+c)\lambda+ac-b^2=0$$

となるので, 求める面積は, 根と係数の関係を使うと

$$\frac{\pi}{\sqrt{\lambda_1\lambda_2}}=\frac{\pi}{\sqrt{ac-b^2}}$$

[5] 2 次形式の部分の固有値 1, $\pm\sqrt{3}$ に対応する固有ベクトルは $(1, 0, -1)^{\mathrm{T}}$, $(1, 1\mp\sqrt{3}, 1)^{\mathrm{T}}$. 変換

$$\begin{pmatrix}x_1\\ x_2\\ x_3\end{pmatrix}=\begin{pmatrix}\frac{1}{\sqrt{2}} & \frac{1}{\sqrt{2\delta+4}} & \frac{1}{\sqrt{2\gamma+4}}\\ 0 & \frac{\delta}{\sqrt{2\delta+4}} & \frac{\gamma}{\sqrt{2\gamma+4}}\\ -\frac{1}{\sqrt{2}} & \frac{1}{\sqrt{2\delta+4}} & \frac{1}{\sqrt{2\gamma+4}}\end{pmatrix}\begin{pmatrix}x_1'\\ x_2'\\ x_3'\end{pmatrix}\quad \text{ここで}\ \delta=1-\sqrt{3},\ \gamma=1+\sqrt{3}$$

により 2 次曲面は

$$x_1'^2+\sqrt{3}\,x_2'^2-\sqrt{3}\,x_3'^2+\frac{2\delta-4}{\sqrt{2\delta+4}}x_2'+\frac{2\gamma-4}{\sqrt{2\gamma+4}}x_3'-5=0$$

となる. これは, さらに

$$y_1=x_1',\quad y_2=x_2'+\frac{\delta-2}{\sqrt{6\delta+4}},\quad y_3=x_3'-\frac{\gamma-2}{\sqrt{6\gamma+4}}$$

とおくと

$$y_1^2+\sqrt{3}\,y_2^2-\sqrt{3}\,y_3^2-\frac{20}{3}=0$$

となる．これは一葉双曲面といわれている．

索引

ア　行

カ　行

サ　行

タ　行

ナ　行

ハ　行

マ　行

ヤ　行

ラ　行

ワ　行

浅野功義
1940 年岐阜県に生まれる．1964 年名古屋大学理学部物理学科卒業．同大学院博士課程中退．名古屋大学助手，宇都宮大学教授などを歴任．宇都宮大学名誉教授．理学博士．専攻は数理物理学，特に非線形解析．
主な著書：『線形代数』(共著，岩波書店)，『常微分方程式』(共著，講談社)，Будуцее Науки (共著，ЗНАНИЕ)，*Algebraic and Spectral Methods for Nonlinear Wave Equations* (共著，Longman)．

大関清太
1947 年東京都に生まれる．1977 年ウォータール大学大学院数学専攻博士課程修了(Ph. D.)．アルファタ大学助教授，宇都宮大学教養部助教授，工学部教授を経て，2014 年宇都宮大学名誉教授．専攻は整数論．
主な著書：『不等式への招待』(共著，近代科学社)，『不等式』(共立出版)．

理工系の数学入門コース／演習 新装版
線形代数演習

1998 年 10 月 5 日　初版第 1 刷発行
2009 年 9 月 15 日　初版第 2 刷発行
2020 年 4 月 15 日　新装版第 1 刷発行
2022 年 6 月 15 日　新装版第 2 刷発行

著　者　浅野功義(あさの なるよし)・大関清太(おおぜき きよた)

発行者　坂本政謙

発行所　株式会社 岩波書店
〒101-8002 東京都千代田区一ツ橋 2-5-5
電話案内 03-5210-4000
https://www.iwanami.co.jp/

印刷製本・法令印刷

ISBN 978-4-00-007847-4　Printed in Japan